水工混凝土
病害评估及加固修复技术

沈继华　编著

中国水利水电出版社
www.waterpub.com.cn
·北京·

内 容 提 要

在多年来各种水工建筑物病害评估和加固修复工作的基础上，结合理论实践，对水工混凝土病害评估和加固修复技术进行了研究。本书通过大量的水工混凝土典型病害分析，归纳出水工混凝土的主要病害机理，提出了科学可行的水工混凝土病害评估方法。在此基础上有针对性地开展水工混凝土病害加固修复技术，并提出病害修复后的质量评价原则和方法。

本书内容丰富、实用性强，经过工程实践验证，具有一定的参考价值，可供从事水利水电工程设计、施工、管理、科研等相关专业的技术人员使用，也可作为高等院校相关专业师生参考用书。

图书在版编目（C I P）数据

水工混凝土病害评估及加固修复技术 ／ 沈继华编著
. -- 北京 ： 中国水利水电出版社，2020.11
ISBN 978-7-5170-8996-4

Ⅰ．①水… Ⅱ．①沈… Ⅲ．①水工材料－混凝土－病害－研究②水工材料－混凝土－修缮加固－研究 Ⅳ.
①TV431

中国版本图书馆CIP数据核字(2020)第207016号

书　　名	**水工混凝土病害评估及加固修复技术** SHUIGONG HUNNINGTU BINGHAI PINGGU JI JIAGU XIUFU JISHU	
作　　者	沈继华　编著	
出版发行	中国水利水电出版社	
	（北京市海淀区玉渊潭南路1号D座　100038）	
	网址：www. waterpub. com. cn	
	E - mail：sales@ waterpub. com. cn	
	电话：（010）68367658（营销中心）	
经　　售	北京科水图书销售中心（零售）	
	电话：（010）88383994、63202643、68545874	
	全国各地新华书店和相关出版物销售网点	
排　　版	中国水利水电出版社微机排版中心	
印　　刷	北京瑞斯通印务发展有限公司	
规　　格	184mm×260mm　16开本　8印张　195千字	
版　　次	2020年11月第1版　2020年11月第1次印刷	
印　　数	0001—2000册	
定　　价	**48.00元**	

前言
FOREWORD

　　"水工混凝土病害评估及加固修复技术"是水利部公益性行业科研项目"水利工程安全评价与鉴定标准关键技术研究"的一个子课题，主要是开展水工混凝土病害评估和加固修复技术研究，并与其他课题互相补充，取得系统成果，以解决制约水利水电工程安全评价与鉴定相关技术标准制修订领域的关键技术问题，推动技术标准的制修订水平和进度，提高水利水电工程的质量，保证工程安全运行。

　　本书是在调查研究国内外各种水工建筑物病害评估工作的基础上，总结水工混凝土各种病害对水工建筑物安全性的影响程度，从而提出基本的水工混凝土病害评估方法；根据病害类型和重要性，提出病害处理指导性意见、处理方法、处理工艺和处理标准。

　　本书按照上述目标，通过函调、现场调研、网络检索等多种形式开展国内外水利工程水工混凝土病害评估和加固修复技术相关资料的调研工作。其中，比较重要的是国内外已开展的相关研究成果和出现事故的工程资料。同时，召开专家咨询、讨论会，邀请项目组以外的相关专家咨询讨论研究内容和研究成果。合理采用工程类比、理论分析和现场试验相结合的综合方法开展研究。对实际工程中水工混凝土病害评估和加固修复技术等技术指标选用的设计文件及相关技术资料进行复核、分析或者现场试验，保证科研成果的实用可靠。

　　通过收集近年来国内外各类型水工建筑物病害处理的资料，研究水工混凝土病害产生的原因、机理；进行水工混凝土病害分类研究，根据病害对水工混凝土的影响程度和重要性，提出主要水工混凝土病害评价的标准；根据水工混凝土病害类型和重要性，提出病害处理指导性意见、处理方法、处理工艺和处理标准。其中包括裂缝、碳化、冻融及溶蚀的破坏成因分析、加固和修补设计（判断）、修补方法、修补材料及工艺；提出水工混凝土病害处理质量的评价原则、方法和效果。

通过水工混凝土病害评估和加固修复技术研究编写《水工混凝土病害评估和加固修复技术》一书，通过国家相关部门审查后，可以直接运用于水利水电工程建设，并为水工混凝土结构安全评价技术导则的编制及 SL 191—2008《水工混凝土结构设计规范》和 SL 265—2016《水闸设计规范》的修编提供依据。

本书由沈继华主笔，鲍晓波、杨中、于继禄、屈学平和钟恒昌共同编写。全书由沈继华和鲍晓波统稿审定。在本书编写过程中河海大学、水利部淮河水利委员会、南京水利科学研究院给予了技术支持，马东亮教高、赵永刚教高提出了许多宝贵建议，本书参考引用了相关的工程报告、论文、书籍等，再此一并表示衷心的感谢。

本书紧扣工程实例，理论结合实践，实用性强。希望本书的出版能为相关的工程设计和可研人员有所启发和帮助。

由于作者的水平有限，理论研究不足，书中的不当和错误之处在所难免，恳请广大读者批评指正。

编者

2020 年 10 月

目录
CONTENTS

水工混凝土病害评估和加固
修复技术研究概况

1.1 水工混凝土病害研究的必要性

水利水电工程中水工混凝土的运用极为广泛，几乎每座水工建筑物都包含混凝土结构，水工混凝土结构是防洪、除涝、蓄水、灌溉、发电、水资源调控等的重要公共基础设施的重要组成部分，具有很强的公益性，社会效益巨大。在资源水利中，水工混凝土除在工业、农业生产及水运、交通和发电等方面发挥重大作用外，还具有洪水资源的调控和利用作用。目前，我国现有水工建筑物几十万座，数量之多为世界之冠，这些水工建筑物在防洪除涝、农业灌溉、拦潮蓄淡、城乡供水、景观旅游、生态环境等方面发挥了巨大的作用，取得了显著的经济效益、社会效益和生态环境效益。

但是，我国大量的水工建筑物主要修建于 20 世纪 50—70 年代，许多中小型水工建筑物都是各地大搞群众运动建成的，大中型水工建筑物也大都是采取边勘察、边设计、边施工方式建设的"三边"工程，不少工程标准低、质量差，有的水工建筑物建成之初就存在质量问题，有的建筑物没有通过竣工验收就投入了使用。经过几十年运用，许多水工混凝土结构频繁抵御洪水、涝水和风暴潮的袭击，工程老化、损坏严重。不少工程设施落后、简陋，年久失修，外观上破烂不堪，摇摇欲坠，与当前我国社会和经济发展水平极不相称，也严重影响防洪除涝和蓄水安全，对人民生命财产安全和社会经济的可持续发展构成较大的不利影响。

党和政府高度重视病险水工建筑物的除险加固工作，党的十五届五中全会和全国人大九届四次会议上，已明确提出加快病险水库、水闸等水工建筑物除险加固的要求。2009年 3 月，水利部根据全国水利工作会议精神，决定组织开展全国大中型病险水闸等水工建筑物除险加固专项规划编制工作。2012 年底，国家发展改革委和水利部发布了《全国大中型病险水闸除险加固总体方案》，国家近年来投入了巨额资金，在全国范围内开展大中型病险水闸的除险加固工作。

水工混凝土病害评估是水工混凝土除险加固修复的前期工作，是除险加固设计的前提和基础。但是对水工混凝土病害评估，现在还没有统一规范，目前主要还是依靠有丰富经验的工程技术人员，凭他们的实践经验，对水工混凝土结构安全鉴定得出的各种资料做出正确的解释，并依靠从类似工程或处理类似工程得来的经验审慎地做出安全评估。基于上述原因，造成对水工混凝土病害的评估不准确，进而造成加固处理措施不完善而重复加固或加固措施过当，浪费国家资金的现象时有发生。对水工混凝土病害的加固和修复方法、措施、技术目前也没有规范指导，造成加固措施五花八门，无法对处理效果进行评价。近年来，随着科技的发展，水工混凝土病害处理的新技术、新材料和新工艺发展较快，如何应用同样也急需规范指导。上述问题的存在，严重影响了我国病险水工混凝土除险加固工作的进程，开展水工混凝土病害评估和加固修复技术研究，出台或修编相关的规程规范，是非常迫切和必要的。

1.2 研究现状及发展趋势

我国水利工程的混凝土结构量大面广，其耐久性问题也十分突出。从整个国家的基本建设投资来看，随着国家经济和社会的全面进步，用于维修改造的投资会逐步增加，以致超过新工程的投资比重（在国外有的维修改造比重已经达70%），因而对建筑物的诊断将面临艰巨的任务，对检测方法和评估准则的研究和规范已刻不容缓。1988年对40座处于淡水中钢筋混凝土水闸耐久性的调查表明，因混凝土碳化引起钢筋锈蚀而导致上部结构破坏的占62%，其中22%的结构已严重破坏。在国外，如日本、美国、苏联、德国等十分重视这项工作，并设立专门机构，广泛组织力量进行理论研究和技术开发。我国这项工作起步较晚，虽早在20世纪50年代，建工部门曾翻译出版了苏联的《建筑物缺陷和对策》，铁道部出版了《铁路维修工作》等书，但直到80年代初，国家强调工业技术改造是工业发展的重要任务后，建筑物诊断问题才开始受到普遍关注。

20世纪80年代后期先后制定了混凝土强度、民用及工业厂房建筑质量检验和评定的规程和标准。如CJ 13—86《危险房屋鉴定标准》、GBJ 107—87《混凝土强度检验评定标准》、YJB 219—89《钢铁工业建（构）筑物可靠性鉴定规程》、GDJ 144—90《工业厂房可靠性鉴定标准》及《房屋完损等级评定标准》（试行）等。90年代初出版了有关旧建筑物质量检测、评定及加固方面的论著。我国交通部门近年来在旧桥测试、承载能力评定及加固技术的试验研究方面，开展了大量工作。在JTJ 073—96《公路养护技术规范》中，对桥梁技术状况评定标准及裂缝宽度评定级别有了规定。

在水利工程方面，1967年第9届国际大坝会议上已经提出水工混凝土病害问题。20世纪80年代以来，许多国家对大坝老化病害的监测诊断，可靠性评估及工程加固等问题开展了研究。随后，美国、加拿大等国相继制订出关于水工建筑物的评估标准与准则。我国在港工、水工建筑物的老化、病害研究也较早开展此类研究，南京水利科学研究院从20世纪50年代就开始注意到混凝土耐久性问题，20世纪60年代在混凝土耐久性、钢筋混凝土及钢结构的金属腐蚀与防腐等方面开展了大量的室内试验研究工作；20世纪70年代之后，开展了现场暴露试验及港口码头、矿桥的现场检测与评估。20世纪80年代，对嶂山闸进行了抗震检测与评估。此外，在水工建筑物的老化病害调查和评估方面，江苏省水利科学研究所、淮河水利委员会·安徽省水利科学研究院、浙江省水利科学研究所、中国水利水电科学研究院、河海大学等单位也做了大量的工作。

一些学者开展了基于水工混凝土结构可靠性研究的水工混凝土安全评价工作，主要方法是根据水工混凝土结构安全检测和水工建筑物运行时的长期观测资料，评价水工混凝土结构的可靠性为基本内容，分析得出水工混凝土老化状态、病损程度。水工混凝土结构可靠性评价的主要方法有：层次分析法、整体评估法、加权递阶评估方法、灰色评估法、模糊集合论评估法、老化病害指标分级综合评估法等。目前，这种可靠性鉴定评级分析方法在工程实际中已经有了一些应用。但是这种方法在很大程度上是建立在经验基础之上的，例如：如何选择评估指标，如何确定评估指标的等级标准，如何确定评估指标的影响系数及权重，在这些问题上，都缺乏统一的标准。

水利部陆续颁发了水利行业标准 SL 214—98《水闸安全鉴定规程》、SL 258—2000《水库大坝安全评价导则》和 SL 316—2004《泵站安全鉴定规程》，规定水闸、水库和泵站安全鉴定的基本程序、方法和步骤，初步规范了水工建筑物安全鉴定工作。目前，又对以上规范进行了修编，重新发布了 SL 214—2015《水闸安全评价导则》、SL 316—2015《泵站安全鉴定规程》和 SL 258—2017《水库大坝安全评价导则》。"八五"期间，国家自然科学基金委员会批准"水工混凝土建筑物老化病害的防治及评估研究"，作为重点项目开展研究，水工混凝土也是其中一个方面。通过大量的调查研究，建立了混凝土建筑物老化病害评估准则。有些学者提出通过设计指标直接诊断混凝土结构的老化，也可用于水工混凝土工程的评估。但目前仍缺少可操作性强的评估标准和方法，对深入了解水工混凝土工作状态和开展水工混凝土除险加固是不利的。

1.3 技术、经济及社会效益分析

根据 1999 年底对全国大中型病险水闸统计结果显示，全国共有病险大型水闸 248 座，占大型水闸总数的 51%；中型水闸 1505 座，占中型水闸总数的 46%。淮河流域 87 座大中型水闸中，影响正常应用的 53 座，占 60%，其中有 14 座严重影响防洪安全，被列为病险水闸，占总数的 16%；河南省的 20 座大型水闸，可靠性略低于现行规范要求的 10座，占总数的 50%，可靠性不满足规范要求的 10 座，占总数的 50%，19 座水闸无一满足设计要求。广西的 17 座大型水闸中有 14 座水闸为病险水闸，比例高达 80%；78 座中型水闸中有 51 座为病险水闸，比例为 65%。根据 2012 年底国家发展改革委和水利部发布的《全国大中型病险水闸除险加固总体方案》，截至 2009 年年底，全国已完成安全鉴定的大中型病险水闸 3293 座，占全国大中型水闸总数的 42%，其中三类闸 1972 座，占60%，四类闸 1321 座，占 40%。通过对大中型水闸调查结果显示，全国有一半以上的水闸存在安全隐患，可想而知，其他大中小型水工建筑物，由于运行环境相对恶劣、设计标准偏低、安全富裕量较少，其出现病险的比例将远高于大、中型水闸病险的比例。这些病险水工建筑物严重威胁着人民生命财产安全，同时影响了水工建筑物兴利效益的发挥，故国家安排巨额资金，开展病险水工建筑物的除险加固工作。

水工混凝土病害评估是水工混凝土除险加固修复的前期工作，是除险加固设计的前提和基础。但是对水工混凝土病害评估，现在还没有统一规范，造成对病害的评估不准确，进而造成加固处理措施不完善而重复加固或加固措施过头，浪费国家资金的现象时有发生。对水工混凝土病害的加固和修复方法、措施、技术目前也没有规范指导，造成加固措施五花八门，无法对处理效果进行评价。近年来，随着科技的发展，水工混凝土病害处理的新技术、新材料和新工艺发展较快，如何应用同样也急需规范指导。

开展水工混凝土病害评估和加固修复技术研究，进而出台或修编相关的规程规范，可以使水工混凝土病害评估这项工作有章可循，评估结论真实可靠，为水工混凝土加固规划、设计工作和管理部门的决策提供科学依据。同时在水工混凝土除险加固修复过程中，重视采用新技术、新方法、新材料、新工艺，努力提高科技含量。使除险加固后的水工混凝土结构既能发挥原有的效益，又能在投资上做到经济合理，为国家节省大量工程投资。因此，开展水工混凝土病害评估和加固技术修复研究，促进我国的水工建筑物除险加固工作，使得大量的病险水工建筑物通过除险加固重新焕发青春，继续在防洪除涝、农业灌溉、拦潮蓄淡、城乡供水、景观旅游、生态环境等方面发挥巨大的作用，必将取得显著的经济效益、社会效益和生态环境效益。

通过水工混凝土病害评估和加固修复技术研究，提出《水工混凝土病害评估和加固修复技术研究》报告，通过国家相关部门审查后，可以直接运用于水利水电工程，并为水工混凝土结构安全评价技术导则的编制及 SL 191—2008《水工混凝土结构设计规范》SL 265—16《水闸设计规范》和 GB 50265—2010《泵站设计规范》的修编提供依据。

2

国内外水工混凝土典型病害分析

国内外水工混凝土病害分析如下。

1. 陈村重力拱坝（位于安徽省，坝高 76.3m）

主要病害：裂缝。

病害描述：1977—1979 年长期低水位运行，大坝下游面 105m 高程处的水平向大裂缝明显扩展，拱冠部位裂缝宽度扩展 1.39mm，河床 10 个坝段的缝深超过 5m，大坝严重破损；1980 年底至 1981 年春，坝体切向变形向 1977 年初位置方向做了一次较小恢复。1982 年 5 月 31 日至 1984 年 12 月 24 日，8 号坝块产生明显的向左切向变形，此阶段内向左位移增量为 3.08mm。

病害产生机理：连续高温＋低水位＋寒潮；结构不合理；105 裂缝扩展、左坝肩基岩相对软弱、高温低水位不利运行工况及大坝特殊结构形式是产生异常变形的根本原因。

病害处理：第一次采用插筋处理，第二次采用改性环氧灌浆，第三次采用预应力锚固。

2. 佛子岭连拱坝（位于安徽省，坝高 75.9m）

主要病害：裂缝。

病害描述：共有裂缝 1000 条左右。主要有拱筒环向缝、拱筒叉缝、拱垛交接面裂缝、收缩缝裂缝、收缩缝顶端裂缝、垛头缝、垛尾缝、铅直裂缝、收缩缝延伸斜缝等。

主要原因：施工质量控制不严；新老混凝土收缩性不同；基岩约束；低温＋低水位及低温＋高水位作用；部分坝垛下游坝址基岩风化严重等。总之，佛子岭大坝裂缝发展严重的原因除垛墙收缩缝张开而严重削弱坝体的整体性之外，还有其他方面的原因，如坝体在冬季低温时期的蓄水位太高以及有些垛墙的坝趾部分的基岩风化严重等原因。

3. 梅山连拱坝（位于安徽省，坝高 88.24m）

主要病害：裂缝。

病害描述：1962 年 11 月 6 日梅山连拱坝右岸垛基突然大量渗漏水，且坝体出现几十条裂缝，大坝处于危险状态，被迫放空水库进行加固。

病害产生机理：高水位＋低温作用形成垛头缝；低温＋低水位作用产生垛尾缝；拱身

混凝土收缩不均匀，在底拱产生裂缝；分块过大，及温变、水压作用下产生垛中部竖直缝、顶端延伸叉缝等裂缝。

病害处理：梅山大坝右岸原事故部位，经几次加固以后，经历了 1969 年 7 月的较高水位和 1991 年 7 月的大洪水高水位的考验。由观测资料分析表明，其坝体的变形性态基本正常，裂缝开度变化规律性较强，且已基本稳定；右岸的渗流状况已有所改善，尤其在 1995 年第三次补强加固以后，渗漏量明显减小；孔水位年变幅也显著减少，其年均值有一定程度的降低。由此可见，右岸原事故部位运行总体上正常。但右岸坝基地下水与库水较通畅的问题，在进一步加强观测的同时，应采取适当的措施进行处理。

4. 龙羊峡重力拱坝（位于青海省，坝高 178m）

主要病害：裂缝。

病害描述：下游面出现垂直裂缝、水平裂缝和斜缝，共 35 条。

病害产生机理：低温＋高水位作用。

5. 紧水滩双曲拱坝（位于浙江省，坝高 102m）

主要病害：裂缝。

病害描述：贯穿性水平裂缝、横缝缝面裂缝、垂直缝，其中上游面裂缝比下游多，共 300 多条。

病害产生机理：温差作用、气温骤降、混凝土浇筑层面处理不当、混凝土降温过程控制不当。

6. 李家峡双曲拱坝（坝高 155m）

主要病害：裂缝。

病害描述：施工期出现 157 条裂缝，其中仓面缝 128 条、立面缝 29 条。

病害产生机理：结构形式、地质构造、气候条件、施工质量、材料性能。

7. 普定碾压混凝土拱坝（位于贵州省，坝高 75m）

主要病害：裂缝。

病害描述：共 49 条裂缝，其中贯穿性裂缝 2 条、坝顶裂缝 27 条、下游面裂缝 7 条、溢流面裂缝 12 条、溢流右导墙 1 条，多为径向分布。

病害产生机理：低水位＋温降＋气温骤降。

8. 潘家口宽缝重力坝（坝高 107.5m）

主要病害：裂缝。

病害描述：50 号及其邻近坝段坝后水平裂缝，部分坝段在接近中线部位出现垂直裂缝，且部分渗水；47 号坝段 197m 高程水平裂缝。41 号坝段上游面 197m 高程有一条贯穿整个坝段的水平裂缝，缝深约 8m，造成该坝段坝体渗漏严重，使 197m 高程以上坝体的稳定受到威胁，水库被迫限制运行，工程效益受到严重影响。

病害产生机理：环境温度影响；新老混凝土之间结合不良，抗拉强度低。

9. 丹江口宽缝重力坝（位于湖北省，坝高 97m）

主要病害：裂缝。

病害描述：表面裂缝、9～11 号坝段基础楔形梁出现裂缝、中断面厚度约 26m 处发现水平裂缝、运行后出现大量裂缝；初期发生裂缝 1050 条，后期发展到 3327 条，19 - 24

坝段 113m 高程水平裂缝长期渗水，对坝体稳定构成威胁。

病害产生机理：寒潮袭击；温度骤降；分缝分块过大；混凝土施工质量较差。

10. 响洪甸拱坝（位于安徽省，坝高 87.5m）

主要病害：裂缝。

病害描述：竖向裂缝；径向裂缝。

病害产生机理：连续高温＋低水位右连续低温＋低水位。

11. 丰乐拱坝（位于安徽省，坝高 54.0m）

主要病害：裂缝。

病害描述：下游面水平向裂缝和顺坡向裂缝。

病害产生机理：连续高温＋低水位右连续低温＋低水位。

12. 泉水拱坝（位于广东省，坝高 80.0m）

主要病害：裂缝。

病害描述：下游面水平向裂缝和顺坡向裂缝。

病害产生机理：连续高温＋低水位右连续低温＋低水位。

13. 流溪河拱坝（位于广东省，坝高 78.0m）

主要病害：裂缝。

病害描述：下游面水平向裂缝和顺坡向裂缝。

病害产生机理：连续高温＋低水位右连续低温＋低水位。

14. 萨扬舒申斯克重力拱坝（位于苏联，坝高 245m）

主要病害：裂缝。

病害描述：在施工期发现 5590 条裂缝，其中贯穿性裂缝有 300 条。

病害产生机理：坝体内外温差过大，坝块浇筑过快；拆除模板过早，保温覆盖不严；分期蓄水分期施工也有影响。

15. Buffalo Bill 拱坝（位于美国）

主要病害：裂缝。

病害描述：垂直裂缝；水平裂缝。

病害产生机理：温度变幅大。

16. Dragan 双曲拱坝（位于罗马尼亚）

主要病害：裂缝。

病害描述：水平裂缝 44 条；垂直裂缝 15 条。

病害产生机理：温度应力引起。

17. Glen Canyon 拱坝（位于美国）

主要病害：裂缝。

病害描述：施工期在 6 号、8 号产生 2 条斜缝。

病害产生机理：不均匀基础沉降。

18. Cabril 双曲拱坝（位于葡萄牙）

主要病害：裂缝。

病害描述：水平施工缝被拉开；坝体顶部刚度过大，横缝张开，坝的整体性下降。

病害产生机理：气温年变幅、日变幅较大，初次蓄水时坝体尚未完全冷却基岩渗透水作用，排水口堵塞。

19. Zeuzier 双曲拱坝（位于瑞士）

主要病害：裂缝。

病害描述：上游面横缝拉开下游面出现大量平行于基岩的裂缝。

病害产生机理：坝下打洞引起坝基下沉11cm，两岸相对收缩6cm（相当于23°温升）。

20. Tamwarth 拱坝（位于澳大利亚）

主要病害：裂缝。

病害描述：出现从坝顶几乎到达坝基的垂直裂缝。

病害产生机理：空库＋温降。

21. 佩蒂拱坝（位于巴西）

主要病害：裂缝。

病害描述：靠近左岸坝肩出现裂缝。

病害产生机理：碱骨料反应。

22. Tolla 超薄拱坝（位于法国）

主要病害：裂缝。

病害描述：大坝上部两侧靠近拱座的上下游面大面积裂缝。

病害产生机理：坝体太薄，没有安全裕度；坝基基岩坚硬，引起坝体混凝土拉应力增加；气温变化太大。

23. Pacoima 拱坝（位于美国）

主要病害：裂缝。

病害描述：左拱端坝段。

病害产生机理：受地震荷载作用。

24. Iddar 拱坝（位于塞尔维亚）

主要病害：裂缝。

病害描述：坝上产生一条45°的斜裂缝。

病害产生机理：首次因蓄洪而泄空水库，次年洪水又漫顶，右坝座下沉。

25. 深沟单曲拱坝（位于四川省，坝高19.7m）

主要病害：裂缝。

病害描述：1981年5月发现15条裂缝，其中左侧延岸坡裂缝2条，底部3条水平缝，右侧1条斜缝，拱冠附近5条竖缝。

病害产生机理：坝区地下煤矿采掘，引起上部岩体（包括坝基）变形下沉。

26. 科尔布兰拱坝（位于奥地利）

主要病害：裂缝。

病害描述：在坝踵区产生从坝表面斜向下发展至地基的裂缝，并撕裂了帷幕灌浆；出现深度为8～9m的垂直裂缝。

病害产生机理：河谷较宽平坦，梁作用强，拱作用弱；坝与地基结合过于紧密。

27. 响水单曲拱坝（位于内蒙古自治区）

主要病害：裂缝。

病害描述：蓄水后下游面发现垂直基岩的裂缝。

病害产生机理：设计温度荷载偏小；施工无严格温控措施；运行期无保温措施。

28. 火甲拱坝（位于广西壮族自治区）

主要病害：裂缝。

病害描述：第一层拱体出现两条贯穿性对称裂缝。

病害产生机理：空库＋寒潮袭击。

29. 石门拱坝（位于陕西省）

主要病害：裂缝。

病害描述：坝踵开裂。

病害产生机理：低温＋高水位，同时受裂缝水劈裂作用。

30. 上标混凝土拱坝（位于浙江省）

主要病害：裂缝。

病害描述：分布在上下游面。出现在水平施工缝处的裂缝；斜向裂缝。

病害产生机理：下游面水平裂缝是由高水位引起；上游面水平裂缝是由低水位＋高温引起；右岸的斜缝与右岸 F1 断层混凝土洞塞浇筑有关。

31. 下会坑双曲薄拱坝（位于江西省）

主要病害：裂缝。

病害描述：上游防渗面板 342m 高程以下 44 条裂缝，为垂直缝，靠两岸多。

病害产生机理：气温温差大；混凝土入仓温度高；防渗面板分块过大，材料影响（水泥质量不稳定）。

32. 虎盘水电站双曲拱坝（位于河南省）

主要病害：裂缝。

病害描述：寒潮过后出现 4 条竖向裂缝，纵向分布，切断坝轴线，由下向上发展，下宽上窄，上下游基本对称，背水面宽，迎水面窄。

病害产生机理：环境温差作用，没有采取应有的温控措施，混凝土约束条件不同，间歇性施工造成冷缝，养护不及时，干缩，保温条件差。

33. 金坑双曲拱坝（位于浙江省）

主要病害：裂缝。

病害描述：横向裂缝和贯穿性裂缝。

病害产生机理：空库＋温降。

34. 刘家峡实体重力坝（位于甘肃省）

主要病害：裂缝。

病害描述：坝体出现较多裂缝，达 200 多条。

病害产生机理：设计时未提出温控措施；温度骤降。

35. 新安江宽缝重力坝（位于浙江省，坝高 105m）

主要病害：裂缝。

病害描述：右坝头 1 号坝段坝顶出现裂缝；10～15 号坝段廊道上游壁出现冷缝。

病害产生机理：温度作用、渗水压力、坝体结构；混凝土浇筑不正确。

36. 大黑汀宽缝重力坝（位于河北省）

主要病害：裂缝。

病害描述：有 48 条较长的裂缝，长度 15～19m。

病害产生机理：温度作用混凝土浇筑质量差。

37. 德沃歇克重力坝（位于美国）

主要病害：裂缝。

病害描述：在 9 个坝段的上游面发生严重的横向裂缝。

病害产生机理：大坝表层混凝土水泥用量多；严寒气温与低温库水；高水位。

38. 云峰宽缝重力坝（位于吉林省）

主要病害：裂缝。

病害描述：补强混凝土产生裂缝，多为水平缝，也有不规则竖向缝。

病害产生机理：模板滑升拉裂混凝土，与混凝土表面摩擦。

39. 飞来峡混凝土重力坝（位于广东省）

主要病害：裂缝。

病害描述：溢流面硅粉混凝土出现平行于轴线的裂缝和龟裂形式的裂缝。

病害产生机理：硅粉剂本身的局限性；受坝体结构影响；龟裂形式的裂缝是由于混凝土标号高。

40. 松月水库混凝土重力坝（位于吉林省）

主要病害：裂缝。

病害描述：出现贯穿性裂缝，与廊道贯通，最长从坝顶到坝基。

病害产生机理：内外温差；部分引导缝失效。

41. 下马岭水电站珠窝大坝（位于北京市）

主要病害：裂缝。

病害描述：廊道内、溢流坝段出现裂缝。

病害产生机理：廊道裂缝，施工质量差，拉应力区未布置钢筋；坝面裂缝：温变，老混凝土对新混凝土约束。

42. 枫树空腹重力坝（位于广东省）

主要病害：裂缝。

病害描述：贯穿裂缝 103 条。

病害产生机理：自重＋水压＋内外温差，混凝土施工质量差。

43. 牛路岭空腹重力坝（位于海南省）

主要病害：裂缝。

病害描述：55.85m 廊道顶部正中出现平行于坝轴线方向的裂缝，空腹拱顶部、溢流面反弧段平行于坝轴线裂缝。

病害产生机理：自重＋水压＋内外温差，混凝土保护层厚度，钢筋直径、配筋率、钢筋布置形式。

44. 玉川碾压混凝土重力坝（位于日本）

主要病害：裂缝。

病害描述：上下游坝面垂直向劈头裂缝。

病害产生机理：横缝间距设置；浇筑方式（通仓）；内外温差过大，基础及内部强烈约束；水力劈裂。

45. 玉石碾压混凝土重力坝（位于辽宁省）

主要病害：裂缝。

病害描述：6号坝段出现劈头裂缝。

病害产生机理：内外温差；浇筑方式；基础开挖出现台阶；坝段长度；水力劈裂。

46. 葛洲坝（位于湖北省，坝高47m）

主要病害：裂缝。

病害描述：出现3300多条裂缝。

病害产生机理：内外温差；日气温变化幅度大，引起表面应力。

47. 宝鸡峡闸坝（位于陕西省）

主要病害：裂缝。

病害描述：2号坝段闸墩出现13条裂缝。

病害产生机理：温差大；浇筑质量差，不满足强度要求；闸墩混凝土基础约束不同。

48. 辛戈混凝土面板堆石坝（位于巴西东北部）

主要病害：裂缝。

病害描述：左坝肩上游混凝土面板上部。

病害产生机理：由于该区采用较差的石料和基础面隆起造成的。

49. 马克塔奎克面板堆石坝（位于加拿大）

主要病害：裂缝。

病害描述：一条纵向垂直施工缝被拉裂。

病害产生机理：碱骨料反应。

50. 芹山水电站面板堆石坝（位于广东省）

主要病害：裂缝。

病害描述：趾板出现裂缝。

病害产生机理：混凝土超强，抗裂性能减低；基础不平整，约束较强；爆破、碾压、振动波影响。

51. 乌鲁瓦提面板堆石坝（位于新疆维吾尔自治区）

主要病害：裂缝。

病害描述：混凝土面板出现大量裂缝。

病害产生机理：混凝土干缩率大；施工工艺影响，坍落度、脱模时间，入仓间歇；温变；养护；基础不均匀沉降。

52. 黑泉水库混凝土面板堆石坝（位于青海省）

主要病害：裂缝。

病害描述：混凝土面板出现裂缝，绝大多数为平行于坝轴线的水平走向的横缝。

病害产生机理：混凝土原材料、塑性裂缝、温差过大、干缩裂缝、施工工艺产生的裂缝。

53. 松山混凝土面板堆石坝（位于吉林省）

主要病害：裂缝。

病害描述：14～18号面板清除保温材料后发现。

病害产生机理：坝体内存有积水，由于冬季得不到排放导致冰水冻胀，最终将面板鼓气造成其破坏。

54. 天生桥一级混凝土面板堆石坝（位于广西壮族自治区与贵州省交界处）

主要病害：裂缝。

病害描述：坝高178m，裂缝出现在面板上，多为水平裂缝。高程较低部位裂缝长而宽，间距大；高程较高部位，缝长短而窄，且密。左边裂缝多于右边。

病害产生机理：温差大，混凝土干缩引起早期裂缝；垫层局部不平整，面板与垫层料脱空是产生裂缝的主要原因。

55. 西北口混凝土面板堆石坝（位于湖北省）

主要病害：裂缝。

病害描述：几乎遍布整个上游面板，宽缝多发生在坝面中下部，基本为水平缝，多贯穿，多发生在面板浇筑后还未蓄水的第一年冬天。

病害产生机理：混凝土面板干缩应力是产生表面裂缝的主要原因；温差、温度应力是产生贯穿性裂缝和表面裂缝的主要原因。

56. 小山混凝土面板堆石坝（位于吉林省）

主要病害：裂缝。

病害描述：在前期浇筑的面板上出现137条裂缝，其中2条横向贯穿，2条近似贯穿；二期浇筑混凝土发现230条裂缝。

病害产生机理：混凝土本身性能影响，干缩变形率大；混凝土施工方法和工艺的影响；混凝土养护措施不当；坝体沉降。

57. 万安溪面板堆石坝（位于福建省，坝高93.8m）

主要病害：裂缝。

病害描述：靠近两岸面板条块上部。

病害产生机理：两岸坝体不均匀沉降；气温骤降；面板混凝土干缩变形；面板分期施工。

58. 柘溪单支墩大头坝（位于湖南省）

主要病害：裂缝。

病害描述：施工期至蓄水期内出现较多的表面裂缝；1号、2号支墩出现劈头裂缝。

病害产生机理：未做合理的温控措施，温差过大；混凝土强度低，均匀性差，干缩性大，抗裂性能差。

59. 新丰江单支墩大头坝（位于广东省）

主要病害：裂缝。

病害描述：右岸14～17号支墩108.5m高程产生一条长80m贯穿上下游的裂缝。

病害产生机理：由地震引起的混凝土结构裂缝。

60. 桓仁单支墩大头坝（位于吉林省，坝高78m）

主要病害：裂缝。

病害描述：坝体出现多达2000多条裂缝。

病害产生机理：混凝土质量差，均匀性差。

61. 广东新丰江、吉林桓仁单支墩大头坝

主要病害：裂缝。

病害描述：虽分处天南地北，环境温差变化各异，但均普遍出现严重裂缝，部分由施工期裂缝发展而成。

病害产生机理：该种坝型易发生混凝土裂缝，不宜选用该坝型。

62. 丰满大坝（位于吉林省）

主要病害：冻融。

病害描述：1950年调查得知，上游坝面高程246m以上冻融破坏面积460m²。1963年调查结果，上游坝面高程238m以上破损面积8838m²，占调查面积30%。混凝土剥落深度10cm以上的面积为3300m²，最大深度达80~100cm。水位变动区248~260m破损最为严重。下游坝面破损为6600m²，占调查面积的一半，一般破损深度20~40cm。有一部分生长出植物。1970年在库水位为231.2~230.12m时调查，上游坝面破损面积为4071.72m²，其中混凝土蜂窝面积965.57m²，深洞27处，深度30~60cm。1984年调查发现，在18号坝段200m高程有钢筋外露，冲坑深17cm；在14号坝段204~206m高程处，钢筋被冲掉，冲坑深30cm。1986年调查，下游坝面破损面积13000m²。多次调查发现，坝顶混凝土、栏杆混凝土、上部检查廊道混凝土也普遍存在表层疏松和剥落现象。

病害产生机理：①外界环境因素。年冻融循环次数：上游面132次，下游面21次，坝顶44次，下游尾水位变化区265次；水位变化区；坝体漏水；导流孔封堵不严漏水；闸门漏水；②混凝土本身的原因。丰满大坝修建较早，因对大坝混凝土的冻融和冻胀破坏缺乏工程经验，没有抗冻要求，使用的原材料、混凝土的配合比、现场混凝土的浇筑和施工质量控制等未予重视，结果导致混凝土强度低，抗冻性能差，不加外加剂或引气剂。这有设计上的问题，也有施工中的因素。

63. 云峰水电站（位于吉林省）

主要病害：冻融。

病害描述：1980年3月至1981年3月对溢流面混凝土破坏情况进行调查，破坏面积为11000m²，占溢流面的32.8%。由于溢流堰顶有闸墩和公路桥遮光挡阳，冬季很少有太阳照射，反弧段冬季积水结冰保温，冻融次数少，所以反弧段及溢流堰顶的混凝土基本完好。

溢流面一般的破坏现象表现为混凝土层状剥蚀脱落、砂石骨料外露、混凝土松散及局部地方钢筋外露等。

病害产生机理：一个原因是混凝土抗冻标号低，这是导致溢流面混凝土破坏的内因；另一个原因是云峰溢流面混凝土受冻融次数多，这是混凝土破坏的外因。云峰溢流面朝向偏南，太阳辐射热相当于年平均气温升高6℃左右。坝面温度正负变化每年可达135次，

一般东北某地区些工程仅达 80～90 次，所以造成云峰大坝溢流面受冻融破坏早而普遍。混凝土冻融首要条件是被水饱和、坝身漏水、闸门漏水、雨雪及其他原因使混凝土造成饱水条件。由于各工程运行条件不同，其饱水机会也不同。

64. 参窝水库（位于辽宁省）

主要病害：冻融。

病害描述：1998 年 12 月，由辽宁省水利水电科学研究院和参窝水库管理局提出了《参窝大坝溢流面破坏现状检测分析报告》。报告中反映，溢流堰面表面露钢筋，破坏深度在 100～300mm，破坏面积占整个溢流堰面面积的 13.5%；露小石和大石部分，破坏深度在 100mm 左右的破坏面积占这个溢流堰面面积的 51.6%；溢流面破坏的总面积达 65.1%，对水库的正常运行造成极大的隐患。

病害产生机理：参窝水库溢流堰面混凝土破坏主要是冻融破坏，造成冻融破坏的主要原因有三个方面：一是原设计混凝土抗冻标号（D100）偏低，且施工中混凝土的抗冻合格率仅为 61.6%。根据多年的气象资料分析，辽阳地区月平均最低气温为 $-14℃$，参窝水库坝址属于严寒地区，每年冻融近百次。大坝堰面朝向西南，受太阳辐射热影响，在严寒期每天都有出现一冻一融的可能；二是溢流面在施工质量和施工工艺上都存在一定问题。当时混凝土采用皮带机直接入仓，水灰比偏大且极不稳定，造成混凝土不但强度低而且不均匀。施工中无任何温控措施，入仓温度高达 32℃；三是混凝土中的水饱和。除闸门渗漏外，坝体水平施工缝的渗漏是造成溢流面混凝土水饱和的主要原因。

65. 桓仁水电站（位于辽宁省）

主要病害：冻融。

病害描述：桓仁大坝已经出现冻融破坏部位有：①左右重力坝下游靠山坡易积雪和渗水处；②上游保护沥青防渗层的混凝土板（原设计在死水位 290m 高程以下，未考虑抗冻要求，实际运行中冬季露出水面）；在 285～269m 高程的水位变化区，出现一条深 5～10cm 的水平蚀沟，条带状露砂露石；③电厂尾水闸墩及侧墙水位变化区有明显的脱皮、露石、露筋，剥蚀最深 5～10cm，侧墙向阳面较背阳面破坏严重。

病害产生机理：气温正负交替变化次数为 86 次左右。桓仁前期施工，使用的水泥牌号较杂，当时曾掺用大量活性很低的烧黏土、烧白土等混合材料，掺量为 20%～30%，造成混凝土强度低、均匀性差。1959 年与 1961 年浇筑约 40 万 m^3 混凝土，28 天强度合格率仅为 78%；1960 年浇筑约 32 万 m^3，其强度合格率仅为 38%；有的混凝土抗压强度只有 30～50kg/cm^2。

66. 盐锅峡水电站（位于甘肃省）

主要病害：冻融。

病害描述：坝上游进水口闸墩水位变化区混凝土，表面水泥砂浆剥落，露出石子。因闸门经常漏水，造成大坝溢流面混凝土冬季形成冰冻，致使混凝土冻融破坏，露出石子。电厂尾水部位的混凝土，也存在冻融破坏。

病害产生机理：该电站地处甘肃省，最冷月的月平均气温为 $-5.2℃$，建于上游刘家峡电站之前，河道及库水冬季结冰封冻，并且混凝土质量较差。

67. 丰满大坝（位于吉林省）

主要病害：溶蚀。

病害描述：在大坝下游面及各层廊道表面，凡有漏水的部位均可见厚厚的白色和黄色溶蚀物，坝体、坝基排水孔的孔壁也被溶出物沉积，造成排水不畅，扬压力增高，应每隔几年进行一次全面的通孔和洗孔。

病害产生机理：丰满水库水质类型为重碳酸钙钠水，又因水中的 $HCO_3^- > Ca^{2+} + Mg^{2+}$，故属软水类水质。丰满水库水质对大坝混凝土具有溶出性侵蚀。

68. 古田溪三级大坝（位于福建省）

主要病害：溶蚀。

病害描述：1990 年坝龄为 31 年时，曾对挡水面板背水面做过外观检查和强度检测，发现多处有针孔状小孔洞，有 7 个平板坝段共计 18 处渗白浆，4 个平板坝段渗水严重。2000 年坝龄为 41 年时，再次对挡水面板背水面进行外观检查和强度检测，发现在 27 个平板坝段中，有 20 个平板坝段共计 36 处渗白浆，8 个平板坝段渗水严重，1 个平板坝段有明显水平向裂缝。与 10 年前相比，渗水析钙现象明显加重，并有裂缝产生，面板整体强度由 49.6MPa 降为 37.91MPa，下降 23.6%，其中，21～22 号坝段 3 个不同高程的 9 个强度检测点中，有的部位强度大幅度下降，仅为设计强度的 74%。

病害产生机理：环境水质对混凝土具有中等溶出性侵蚀。

69. 罗湾大坝（位于江西省）

主要病害：溶蚀。

病害描述：1968 年动工兴建，1978 年首次蓄水后，坝体渗漏析钙现象日益严重。环境水质检测表明，水对混凝土具有中等溶出性侵蚀，廊道渗水与库水相比，Ca^{2+} 有大幅度增加。1990 年检查时，廊道内析钙严重，呈钟乳状或瀑布状；12 号坝段廊道混凝土施工质量差，强度比设计值低 4%，经过 12 年运行，强度不仅没有增长，反明显下降，仅为设计强度的 83%；1999 年再次检查，与 1990 年相比，廊道内渗水析钙部位增多，析钙的坝体排水管增加了 4 根，廊道裂缝增加了 18 条，下游坝面渗水析钙现象也比 1990 年明显加重，并且渗水析钙部位高程上升，表明坝体扬压力进一步抬高。

病害产生机理：溶出性侵蚀。

70. 水东大坝（位于福建省）

主要病害：溶蚀。

病害描述：1993 年 11 月首次蓄水时，即发生坝体大量渗漏，廊道内碾压层面处渗水呈喷射状。经坝体灌浆后，1996 年的渗漏量仍达 1068L/min。后又对坝体多次灌浆，至 1999 年渗漏量为 391.8L/min，下游坝面距坝顶约 8m 以下常年处于湿润状态。伴随着坝体大量渗漏，析钙现象越来越严重，1994 年廊道内壁全部被析出物所覆盖，局部清除后又在短时段内积满析出物。

71. 板桥水库大坝（位于河南省）

主要病害：溶蚀。

病害描述：板桥水库复建工程 1991 年 9 月 30 日下闸蓄水，1992 年 10 月水库管理局开始对混凝土坝渗漏量进行观测。1993 年 11 月 23 日测得渗漏量最大值为 68.670m^3/h，其中坝体渗漏量为 66.96m^3/h，超设计允许值（2.010m^3/h）32 倍。为此 1994 年 1 月 14 日—3 月 4 日对混凝土坝进行了堵漏补强灌浆处理，1995 年 1 月 9—27 日，又对混凝土坝进行了补充灌浆，灌浆处理后渗漏量大幅减小。但近几年来，渗流量有增大的趋势，2008 年 1 月 29 日实测坝体渗流量为 7.445m^3/h，超设计值（2.562m^3/h）2.9 倍。目前，灌浆廊道常年处于湿润状态，伴随着坝体大量渗漏，析钙现象越来越严重。

病害产生机理：施工中混凝土质量控制较差，坝体遭受严重溶出性危害。

72. 丹江口大坝（位于湖北省）

主要病害：碳化。

病害描述：①丹江口大坝经过多年运行后，大坝混凝土的碳化层没有根本的变化，碳化发展趋势较慢；②整个大坝混凝土，平均碳化深度一般在 2~23mm，局部碳化深度较大，超过 30mm，但从总体而言，大坝混凝土大多数碳化深度在 30mm 以下。

73. 古田溪二级、三级大坝（位于福建省）

主要病害：碳化。

病害描述：古田溪二级坝 1962 年首次蓄水运行，2001 年现场检测面板背水面碳化深度，在 82 个测点中，最大为 45mm，平均为 20mm；面板背水面外观检查发现，散点状渗白浆现象分布较广，有不规则的发丝裂缝，表面局部起皮翘裂，少数部位有小空洞，渗漏水痕迹较多，个别部位有水渗出，与 1992 年外观检查情况相对比，渗白浆和渗漏水现象都明显加重。古田溪三级坝 1960 年首次蓄水运行，2000 年现场检测面板背水面碳化深度，在 30 个测点中，最大为 37.5mm，平均为 11.8mm；利用回弹法换算面板总体平均强度为 37.91MPa；面板外观检查发现，27 个平板坝段中，有 20 个平板坝段共计 36 处渗白浆，8 个平板坝段有渗漏水现象；与 1990 年检查和检查情况相比较，最大碳化深度增加 22.5mm，增速较快，面板总体平均强度由 49.6MPa 降为 37.91MPa，下降了 23.6%，下降幅度较大，面板渗白浆由 18 处增为 36 处，渗漏水现象呈发展趋势。

这两座平板坝的检查和检测结果表明，经过 30 多年的运行，挡水和溢流面板已遭受比较严重的碳化损害，目前最大碳化深度已达钢筋混凝土保护层的一半以上，面板混凝土强度随着运行时间的延长，正逐渐下降，面板抗渗能力已明显降低。若按面板背水面和迎水面平均碳化深度共计 40mm 估算，古田溪二级坝面板有效承载厚度减少了 2%~6%，进一步按考虑碳化后的断面作为面板抗裂复核计算，则部分面板抗裂承载能力已不能满足要求。由于平板坝体型单薄，面板处于挡水和溢流的要害部位，即使局部出现问题也会影响整个大坝的安全。

74. 南四湖二级坝枢纽第三节制闸（位于山东省）

主要病害：裂缝。

病害描述：南四湖二级坝枢纽工程位于江苏、山东两省交界处，其第三节制闸建成于 1971 年 8 月，下游侧设有交通桥，采用钢筋混凝土空心板桥，空心板每块桥板宽 0.9m。原设计等级为汽-13、拖-60，桥面宽 7.6m，净宽 6.7m，护轮带宽 0.25m。由于该交通桥位于交通主干道上，大型、重型车辆过往频繁，闸上交通桥已有 26 孔桥箱梁板底出现贯穿裂缝，裂缝多为分布在跨中的横向裂缝；桥面铺装层受损严重，多处接缝用沥青修复，经多方面了解及局部剥开检查，接缝处混凝土破损严重。

75. 连云港临湖东站（位于江苏省）

主要病害：碳化。

病害描述：该泵站各构件碳化深度不均匀，其中 8 号机进水口泵房后墙碳化深度最大，达 37.0mm。泵站大部分构件实测混凝土保护层厚度小于设计的混凝土保护层厚度，并小于规范规定的最小保护层厚度。混凝土结构保护层厚度不足，普遍碳化；水泵层和岸墙多处渗水；进水侧工作便桥和胸墙开裂、露筋严重，交通桥拱顶开裂、断裂严重；出水侧闸墩、胸墙、前墙局部开裂严重；进水侧胸墙和进出水口闸墩、出水口工作桥混凝土强度等级不满足规范要求。

病害机理：混凝土质量差，保护层厚度不足。

76. Pack 混凝土重力坝（位于奥地利）

主要病害：溶蚀。

病害描述：Pack 混凝土重力坝建于 1929—1930 年，最大坝高 33m。由于当时混凝土施工水平低，混凝土骨料中含有大量云母和已分解的长石，使混凝土的强度、抗渗性和抗冻性较差。大坝首次蓄水后，发现局部漏水，运行一年后渗漏量加大。经检测库水属软水，呈弱酸性，对混凝土存在一定的溶蚀。

病害产生机理：混凝土施工质量差，且混凝土中含有易分解材料。

77. 普棚水库（位于云南省）

主要病害：裂缝。

病害描述：普棚水库隧洞洞身强度为 10.4MPa，未达到设计要求。洞身衬砌厚度不足。洞身混凝土出现了 15 条裂缝和 22 个漏水点。

病害产生机理：混凝土施工质量差，设计存在缺陷。

78. 减河防洪闸（位于北京）

主要病害：裂缝。

病害描述：减河防洪闸建于 2004 年，两岸挡土墙在完成混凝土浇筑后 15 天即发现有纵向裂缝发生。经现场检测，挡墙共发现竖向裂缝 89 条，裂缝宽度 0.1～0.7mm 不等。对于挡墙两侧基本对称的裂缝，均为贯穿性裂缝。当缝宽大于 0.2mm 时，缝深约为挡墙厚度之半；当缝宽小于 0.1mm 时，缝深约 20cm。

病害产生机理：底板与墙身为分期浇筑，墙身混凝土浇筑后的收缩变形受到底板的约束。挡墙浇筑时正值夏季高温季节，挡墙墙体长度较长（18m），高度较高，墙体内部应力不均匀。

79. 东江水源工程（位于广东省）

主要病害：裂缝。

病害描述：深圳市东江水源一期工程建成于 2001 年，主要建筑物包括泵站、隧洞、渡槽等。工程运行后，部分隧洞出现了不同程度的裂缝，以 4～6 号隧洞最为严重。4 号隧洞检查了 78.8% 的洞段，发现超过 5m 长的纵向裂缝 147 条；5 号隧洞检查了 86% 的洞段，发现超过 5m 长的纵向裂缝 17 条；6 号隧洞检查了 79.3% 的洞段，发现超过 5m 长的纵向裂缝 83 条。4～6 号隧洞混凝土裂缝具有以下特点：①绝大部分纵向裂缝位于隧洞近起拱处，左右侧墙均有分布，走向弯曲不规则，时有分岔、转折；②大部分纵向裂缝为贯穿性裂缝，有渗水或钙质析出，多有石钟乳形成；③多条纵向裂缝和环向裂缝、施工缝交叉，常见裂缝的起止点位于交叉处；④2005 年对裂缝进行了环氧树脂临时处理后，局部已处理洞段出现了新的贯穿性裂缝，显示裂缝发展很快。

病害产生机理：①隧洞地质条件差，岩石软弱，岩体破碎，易风化；6 号隧洞轴线与 F7 断层平行，开挖时塌方较多，洞轴线选址不当；②隧洞大部分岩石软弱、岩体破碎，隧洞衬砌的受力状态与设计出入较大；③隧洞运行期温度应力对裂缝的形成影响较大，温度应力主要受东江水温变化控制。隧洞内温度为围岩地温，温度变幅较小，而水温变化幅度较大，冬季最低水温只有 1～2℃。

80. 白山水电站（位于吉林省）

主要病害：裂缝。

病害描述：白山水电站于 1976 年开始浇筑，1986 年一期工程竣工。主体工程浇筑时间较长。该工程地处寒区。工程经多年运行后，水电站大坝高孔坝段挑流鼻坎、反弧段、鼻坎正面等部位均出现不同程度的裂缝，如 14 号坝段，出现裂缝 24 条，裂缝宽度范围 0.2～3.8mm，裂缝深度 0.31～2.0mm，裂缝累计长度 166.2m；20 号坝段，出现裂缝 20 条，裂缝宽度范围 0.3～3.4mm，裂缝深度 0.30～4.16mm，裂缝累计长度 185.1m。裂缝特点：①导墙裂缝中危害性大的贯穿性裂缝均分布在导墙的拐点或靠近拐点的位置；②出水口正立面的裂缝均为独立裂缝，位置基本在出水口断面中心线附近。

病害产生机理：该工程地处寒区，混凝土浇筑时温差大，如 1980 年浇筑的混凝土，最大温差达到 43.3℃，平均温差 27.5℃，导致混凝土产生表面裂缝。表面裂缝产生后，冻胀和寒潮成为裂缝发展的主要因素。水由液态转变为固态，体积增大，使结冰的混凝土内部组织受到膨胀而破坏，使表层裂缝向深层和贯穿裂缝发展。

81. 十三陵抽水蓄能电站（位于北京市）

主要病害：裂缝。

病害描述：十三陵抽水蓄能电站建成于 1997 年，电站通过引水系统和尾水系统连接上库和下库。其中尾水隧洞洞径 5.2m，埋深 30～220m。经检测，1 号尾水洞共发现 62 条裂缝，环向裂缝 28 条，纵向裂缝 34 条，裂缝总长度约 700m。其中 19 条裂缝宽度大于 0.2mm，部分裂缝已贯穿衬砌，存在渗漏现象。2 号尾水洞共发现 118 条裂缝，环向裂缝 38 条，纵向裂缝 80 条，裂缝总长度约 1200m。纵向裂缝主要分布在左、右侧腰部附近、底部及顶拱位置，其中宽度大于 0.2mm 的纵向裂缝共 47 条，部分裂缝已贯穿衬砌，存在渗漏现象。环向裂缝大部分出现在两条伸缩缝之间，宽度在 0.2～0.8mm，平均宽度约 0.5mm。

病害产生机理：混凝土施工质量差，内外水压力作用。

82. 嶂山闸（位于江苏省）

主要病害：裂缝。

病害描述：嶂山闸 1959 年 10 月开工建设，1961 年 4 月建成。闸室为钢筋混凝土胸墙式结构，闸身总宽 428.97m，每孔净宽 10m，两孔一联，共 36 孔，闸孔净高 7.5m。

嶂山闸先后经历了四次除险加固，2016 年对嶂山闸经检测发现：上游左侧翼墙混凝土出现 10 条裂缝，裂缝宽度范围在 0.05～0.5mm，且有析出物；上游右侧翼墙有 4 条裂缝，裂缝宽度范围在 1.0～1.5mm，且有析出物；上游左侧翼墙混凝土局部开裂。

病害产生机理：混凝土施工质量差，地下水作用。

83. 漳泽水库（位于山西省）

主要病害：冻融、裂缝。

病害描述：漳泽水库大坝于 1959 年开工建设，1960 年竣工。运行期间进行了全面的除险加固改扩建。溢洪道位于大坝右端，由闸墩、闸室、底板、两侧边墙、二道堰及尾水挑坎等结构组成，泄槽宽度 44m。2006 年经检测，溢洪道底板 90% 以上面积存在冻融剥蚀破坏，最大剥蚀深度达到 10cm，并且部分混凝土底板钢筋外露、锈蚀严重，在没有被冻融剥蚀破坏的混凝土底板普遍存在龟裂和裂缝，共发现 13 条较严重裂缝，裂缝长度 1.5～22.70m，裂缝宽度 0.6～1.5mm，裂缝平均深度为 18.4～24.50cm。经取芯检测，混凝土强度均能满足设计要求。但从底板混凝土取 3 根芯样检测，所取芯样均不能达到抗冻等级 F50。

病害机理原因：造成混凝土剥蚀的主要原因是冻融破坏所致，虽然混凝土的抗压强度满足设计要求，但其抗冻性能很差，不能满足寒冷气候条件下的抗冻要求。

84. 上庄拦河闸（位于北京市）

主要病害：冻融、碳化、裂缝。

病害描述：上庄拦河闸建成于 1960 年，水闸共 18 孔。2005 年经检测，闸室底板混凝土大部分冻融剥蚀，破坏严重，骨料外露，剥蚀深度约 10mm。下游护底混凝土表面严重冻融剥蚀，剥蚀面积约 90% 以上，冻融剥蚀深度约 30～50mm。

工作桥主梁未发现裂缝，但排架横向裂缝较多，有横向贯通裂缝，缝宽 1～3mm，局部裂缝表层混凝土开裂、崩失，内部钢筋已经锈蚀。下游护底混凝土顺水流向出现数十条较宽的贯通裂缝。结合取芯样检测发现混凝土质量非常差。

启闭机排架混凝土的碳化深度介于 15～25mm，而启闭机大梁混凝土的碳化深度较为严重，深度均超过 30mm，最深处为 38.1mm。

病害产生机理：混凝土施工质量差，混凝土保护层厚度不足。

85. 金清新闸（位于浙江省）

主要病害：钢筋锈蚀。

病害描述：金清新闸总宽度 102.80m，共 10 孔，其中排涝孔为 8 孔，为胸墙式平底闸，排涝兼通航孔 2 孔。该闸于 1998 年投入运用，多年运用后混凝土结构陆续出现了混凝土胀裂、钢筋锈蚀等问题。经检测，闸墩、排架柱等结构混凝土强度满足设计要求。

在被检测的构件中，检修门排架柱、工作门排架柱、管道间底板、胸墙检修平台钢筋保护层厚度平均为 23.20～36.40mm、23.20～30.60mm、14.80～15mm、15～25.20mm。设计要求排架柱、胸墙的钢筋保护层厚度为 50mm，梁、板、检修平台为 30mm，所有被检测结构中，钢筋保护层厚度都不满足设计要求。

检测的 17 个部位的混凝土碳化深度大部分小于 10mm，由于混凝土的钢筋保护层厚度普遍不满足设计要求，现有混凝土碳化深度已接近或超过混凝土保护层厚度，混凝土结构内部的钢筋得不到长期有效的碱性保护。

检测的检修门排架柱、工作门排架柱、胸墙、胸墙检修平台等部位的混凝土钢筋处于全面锈蚀或严重锈蚀状态，露筋严重，钢筋成片剥落，钢筋截面最大锈蚀率约为 60%。

病害机理原因：

(1) 混凝土的盐污染。金清新闸下游海水中氯离子（Cl⁻）含量很高，严重超标，属强腐蚀等级。水闸的下游检修平台、立柱等结构受外海潮浪冲击和浸泡，并处于含盐雾的大气中，使水闸混凝土中氯离子含量超标。海水中氯离子逐渐向钢筋混凝土结构内渗透，由于钢筋混凝土结构中的钢筋保护层厚度严重不足，氯离子易渗入钢筋，造成钢筋钝化膜被破坏，从而引起钢筋锈蚀，锈蚀引起了钢筋体积膨胀从而造成混凝土胀裂、钢筋裸露。

(2) 混凝土的碳化、保护层厚度严重不足。混凝土碳化过程中逐渐由碱性转化为中性，在正常情况下，混凝土孔隙水为水泥水化时析出的 $Ca(OH)_2$ 和少量钾钠氢氧化物所饱和而呈碱性，其 pH 值在 11 以上。钢筋在这种介质中表面形成钝化膜、能有效抑制钢筋锈蚀。而当混凝土碳化后混凝土 pH 值降至 9 以下。保护钢筋的纯化膜就处于活性状态。在氧和水的作用下，钢筋便产生电化学腐蚀，钢筋一旦锈蚀体积将膨胀，从而使混凝土保护层胀裂。金清新闸混凝土中钢筋保护层严重不足，同时局部混凝土碳化深度已超过钢筋保护层厚度，使混凝土内部的钢筋得不到长期有效的碱性保护。

86. 河坞大闸（位于河南省）

主要病害：钢筋锈蚀、裂缝。

病害描述：河坞大闸工程于 1975 年 7 月建成，设计洪水流量 $2300m^3/s$，为钢筋混凝土开敞式结构，共 8 孔，每孔净宽 10 米。2012 年对该闸检测发现：第 2 孔右侧闸墩有 2 处钢筋锈蚀引起的混凝土脱落；第 3 孔、第 5 孔右侧闸墩有 1 处钢筋锈蚀引起的混凝土大面积脱落，脱落面积分别为 60cm×35cm、60cm×30cm。4 号中墩检修门槽闸墩顶有 1 条裂缝，左侧面长 50cm，右侧面长 65cm，顶面长 90cm。第 6 孔左侧启闭机门槽、第 7 孔检修门槽闸墩顶有 1 条裂缝、第 8 孔右侧启闭机门槽均出现裂缝，裂缝长度 0.4~0.8m。上游左侧混凝土翼墙有一条竖直裂缝，从顶到水面以下，内外贯通，外侧下部漏水。下游右侧混凝土翼墙有 1 条竖直裂缝，下至地面，内外贯通。

病害机理分析：①闸墩、翼墙混凝土原设计标号为 200 号，强度较低，②闸墩的钢筋保护层厚度 49~68mm，大部分数值为超过 60mm，远高于设计值 30mm；③闸墩、翼墙配筋量不足，配筋不能满足结构限裂要求。在构件表面容易出现较大的收缩裂缝和温度裂缝，会直接影响及消弱构件的承载能力。

3

水工混凝土主要病害机理

3.1 水工混凝土裂缝的类型及产生机理

3.1.1 裂缝的类型

裂缝的类型很多，性状千差万别，包括微观裂缝、细观裂缝和宏观裂缝。按照不同的分类方法裂缝可分为不同的类型，下面主要介绍从裂缝的特性、危害程度、活动性质、方向和形状、产生时间等方面对宏观裂缝的分类。

（1）按裂缝的特性（缝宽、缝长、缝深）分为表面裂缝、浅层裂缝、深层裂缝及贯穿裂缝等。其中：①表面裂缝主要指混凝土表面的龟裂；②浅层裂缝指开裂深度较浅的裂缝；③深层裂缝是指由混凝土内部延伸至部分结构面的裂缝，这种裂缝一般要影响结构的安全；④贯穿裂缝则指延伸至整个结构面，将结构分离，严重影响和破坏结构的整体性和防渗性能的裂缝。

（2）按裂缝的危害程度分为轻度裂缝、重度裂缝和危害性裂缝。其中：①轻度裂缝指对结构强度和稳定影响较小的裂缝；②重度裂缝是指使结构强度和稳定有所降低的裂缝；③危害性裂缝则是指使结构的强度、稳定以及耐久性降低到临界值或临界值以下的裂缝。

（3）按裂缝的活动性质分为死缝、准稳定裂缝和不稳定裂缝等。其中：①死缝的宽度和长度已经稳定，不再发展；②准稳定裂缝开展随季节或某因素呈周期性变化，长度变化缓慢或不变，这种运动属于稳定的运动；③不稳定裂缝的开度和长度随外界因素的变化而发展。

（4）按裂缝的方向和形状主要分为水平裂缝、垂直裂缝、纵向裂缝、横向裂缝、斜向裂缝及放射裂缝等。

（5）按裂缝的产生时间可分为原生裂缝、施工裂缝和再生裂缝。其中：①原生裂缝是指在混凝土浇筑过程中，由于施工措施和材料缺陷等原因引起的裂缝；②施工裂缝是指由于施工需要或浇筑水平限制以及结构需要而设置的纵缝、横缝、水平裂缝等；③再生裂缝是指以上裂缝或缺陷，在运行期，由于外荷载或外界环境等的变化而发展或新产生的裂缝。

3.1.2 裂缝对混凝土建筑物的危害

（1）产生渗漏。水工混凝土建筑物中的裂缝会在混凝土结构内形成渗漏通道，使混凝土建筑物产生渗漏。渗漏一方面使已有的裂缝在压力水的作用下发生进一步的扩宽；另一方面使混凝土内部一部分水泥的水化产物溶解并流失，由此而造成混凝土结构物的破坏。

（2）加速混凝土的碳化。混凝土中的裂缝使得空气中的二氧化碳更容易渗透到混凝土的内部，进而与混凝土中的某些成分相互作用而形成碳酸钙，是通常所指的混凝土碳化。混凝土碳化使混凝土的碱性程度降低，使钢筋表面的纯化膜遭到破坏，当水和空气同时渗入时，就易使钢筋产生锈蚀；而钢筋的锈蚀又会引起体积的膨胀，使混凝土进一步受到破坏。同时混凝土中的氢氧化钙碳化后，又会使混凝土收缩，从而加剧了混凝土的收缩开裂，导致混凝土结构物破坏。

（3）降低混凝土的耐腐蚀能力。裂缝会使各种侵蚀性介质渗透到混凝土内部，使混凝土遭受腐蚀，主要有溶蚀型混凝土腐蚀、酸盐腐蚀和镁盐腐蚀、结晶膨胀型腐蚀等。

（4）影响混凝土结构的强度和稳定性。混凝土中的裂缝破坏了结构的整体性，改变了结构的受力条件，直接影响了混凝土结构的强度和稳定性。较轻的裂缝会影响混凝土建筑物的外观以及构件的正常使用和耐久性，而严重的裂缝则有可能导致混凝土结构物的破坏。

裂缝是水工混凝土结构老化和病变的主要病害之一，混凝土结构的破坏往往也是从裂缝开始的，因此人们把裂缝看成是混凝土结构老化及产生病变的征兆。混凝土坝裂缝形成的原因复杂，分布范围广；裂缝的产生和进一步的扩展会对大坝安全构成很大的危害，影响工程效益的正常发挥，甚至威胁到下游人民的生命财产安全，具有很大的危害性。

3.1.3 裂缝的产生机理

裂缝是水工混凝土结构普遍存在的缺陷，其产生机理复杂，一般归纳为下列几种典型。

1. 不利荷载作用下产生的裂缝

水工混凝土结构的主要荷载包括水压力、土压力和温度应力等，不利荷载及其组合的作用是裂缝产生和发展的主要原因。

2. 温度裂缝

温度裂缝的产生主要由以下几种原因引起：

（1）温控不当引起的裂缝。温控措施对混凝土温度裂缝的产生影响非常大。温控措施一般包括：采用低热水泥、控制浇筑温度、采用水管冷却、合理组织施工、改善结构分缝以及加强早期养护与表面保护等。在混凝土浇筑过程中，若采用高水化热的水泥或浇筑温度过高、施工进度、施工间歇时间控制不当、坝体分缝不合理、早期养护和表面保护不及时，均易产生温度裂缝。另外，对于常态混凝土坝，其实际库水温度一般比设计温度低，在运行过程中，坝体受拉应力作用，易产生裂缝；而对于碾压混凝土坝，其水化热散发较慢，一般要经过 5～10 年时间，受水化热和外界温降作用，易产生裂缝。

（2）基岩的约束裂缝。混凝土在入仓温度及其水化热温升的作用下，内部温升很大，当混凝土因外界温降引起的收缩变形受到基岩的约束时，将会在混凝土内部出现很大的拉应力而产生约束裂缝。这种裂缝一般较深，将破坏结构的整体性，受混凝土的收缩程度、温差大小、温度变化速度、地基对结构的约束作用等因素影响。

（3）新老混凝土之间的约束裂缝。因其他原因影响导致混凝土浇筑不连续，间歇时间过长，则在新老混凝土之间出现薄弱层面，在温差作用下，新混凝土的收缩变形受到老混凝土约束，产生拉应力，由此出现裂缝。

（4）基岩高差引起的裂缝。浇筑在高低相差较大的基岩面上的大体积水工混凝土结构易发生这种裂缝，产生的原因主要是由于在混凝土浇筑后，内部温度较高，在外界温度降低过程中，混凝土结构受基岩约束作用，在基岩表面突变处产生应力集中而开裂。

（5）寒潮引起的裂缝。在混凝土浇筑初期，水泥释放大量的水化热，若突遇寒潮，使混凝土表面温度骤降而产生很大的温降收缩，受到内部混凝土的约束，则产生很大的拉应力致使混凝土表面开裂。该种裂缝一般为表面浅层裂缝，一般发生在新浇筑的混凝土还未产生抗拉强度之前，由于温差而承受较高的内应力或约束应力；该种裂缝的形成与浇筑块的尺寸及长宽比例有关，对于大体积水工混凝土结构也是很危险的。

3. 收缩裂缝

混凝土收缩由两部分组成，一是湿度收缩，即混凝土中多余水分蒸发，体积减少而产生收缩；二是混凝土的自收缩，即水泥水化作用，使形成的水泥骨架不断紧密，造成体积减小。收缩裂缝的形成要求满足两个条件，一是存在收缩变形；二是存在约束。主要分为以下几种收缩裂缝：

（1）塑性收缩裂缝。混凝土浇筑以后硬化初期尚处于一定的塑性状态时，由于混凝土早期养护不好，混凝土浇筑后表面没有及时覆盖，表面游离水分蒸发过快，产生急剧的体积收缩，而此时混凝土强度很低，不能抵抗这种变形应力而导致开裂；也可能是由于混凝土水灰比过大、横板垫层过于干燥、使用收缩率较大的水泥、水泥用量过大等也会导致塑性收缩裂缝的形成。

（2）沉降收缩裂缝。混凝土浇筑振捣后，粗骨料下沉，水泥浆上升，挤出部分水分和空气，表面泌水，形成竖向体积缩小沉落，沉落直到混凝土硬化时才停止，骨料沉落过程若受到钢筋、大的粗骨料及先期凝固混凝土的局部阻碍或约束，则会产生沉降收缩裂缝。

（3）干燥收缩裂缝。该类裂缝产生原因主要是由于混凝土表层水分散失，随着湿度降低，其表层产生体积收缩导致裂缝产生；主要受水泥及骨料品种、外加剂、水泥用量、水灰比、养护期等的影响，多为表面性的或龟裂状，没有规律性。

（4）碳化收缩裂缝。混凝土水泥浆中的 $Ca(OH)_2$ 与空气中的 CO_2 作用，生成 $CaCO_3$，引起表面体积收缩，受到结构内部未碳化混凝土的约束而导致表面开裂。碳化的速度取决于混凝土内在因素和环境因素。水工建筑物碳化速度最快的是水灰比大、水泥用量少、长期处于水位升降区域内并且日照较多的那部分混凝土。

4. 碱骨料反应裂缝

碱骨料反应是指混凝土的组成成分（水泥、外加剂、掺合料或拌和水）中的可溶性碱溶于混凝土孔隙液中，与骨料中能与碱反应的活性成分在混凝土硬化后逐渐发生的一种化学反应，反应生成物吸水膨胀，使混凝土产生内应力，导致结构开裂。目前，已发现的碱骨料反应有三种，即碱硅酸反应、碱碳酸盐反应和碱硅酸盐反应。

以上对几种典型裂缝的机理进行了简单分析，但对于一个重大水工混凝土结构，其裂缝的产生往往是受多种因素影响的综合结果，产生的原因非常复杂，并不是用单纯的某类裂缝就能够完全概括的。

3.2 水工混凝土冻融破坏及其产生机理

水工混凝土在饱水状态下因冻融和温度交变作用产生的破坏称为冻融破坏。冻融破坏是我国东北、西北和华北地区水工混凝土建筑在运行过程中产生的主要病害之一，对于水闸、渡槽等中小型水工混凝土建筑物，冻融破坏的地区范围更为广泛，除三北地区外，华东、华中的长江以北地区以及西南高山寒冷地区，均存在此类病害。较为典型的工程如东北的云峰水电站，大坝建成运行不到 10 年，溢流坝表面混凝土冻融破坏面积就高达 $10000m^2$，占整个溢流坝面的 50% 左右，混凝土平均冻融剥蚀深度达 10cm 以上。

3.2.1 冻融破坏发生的必要条件

冻融破坏发生应同时具备两个条件：

（1）混凝土必须与水接触，或其含水量不小于临界值 91.7%。如果混凝土的含水量小于临界值，则当混凝土受冻时，毛细孔水的结冰膨胀可被非含水孔体吸收，不会形成损伤混凝土微观结构的膨胀压。

（2）环境气温的正负变化能使混凝土所含的毛细孔水发生反复循环的冻结和融化过程。以上两个必要条件决定了冻融破坏是从混凝土表面开始的层层剥蚀破坏，气温越低，冻层越深，混凝土的剥蚀层越厚；温降速度越快，年冻融循环次数越多，剥蚀破坏越严重，发展也越快。如在北方寒冷地区，水工建筑物向阳面受日光照射，冬季冻融次数多，冻融破坏程度也较阴面严重。

3.2.2 水工建筑物冻融破坏的部位特点

对于挡水坝，冻融破坏主要发生在上下游水位变化区、下游面坝体漏水部位（漏水的伸缩缝、水平施工缝、渗流饱水区）、溢流坝面及反弧段；对于其他水工建筑物，冻融破坏部位主要是水位变化区的混凝土结构或被渗漏水、地下渗流水、天然降水饱和的钢筋混凝土结构，如闸墩和溢洪道底板等。

3.2.3 破坏形态特征

（1）表面层酥松剥落。这种破坏形式一般表现为混凝土表面起毛——砂浆剥落——骨料裸露——脱落，如此由表及里逐层剥蚀，但当混凝土构件较薄，冻深大于构件厚度时就会发生整个断面酥松崩解现象。

（2）深层冻胀破坏。这种破坏形式在严寒地区的工程中时有发生，且危害性大，一般发生在混凝土质量差且易吸水饱和的大体积混凝土内部。

（3）冰冻裂缝。当混凝土中骨料的吸水率较大时，易发生这种形式的冻害。吸水饱和的骨料受冻时膨胀爆裂，使混凝土发生裂缝，如果冻胀骨料位于混凝土表面区，则会发生局部胀突现象。

3.2.4　成因与机理分析

水工混凝土遭受冻融破坏的原因一般可归结为以下几个方面：①渗漏水使不具备饱水条件的混凝土吸水饱和；②混凝土的设计抗冻标号偏低；③施工质量差使实际浇筑混凝土的抗冻性降低，例如使用了劣质水泥或掺加了不适当的混合材、砂石骨料含过量泥土杂质、粗骨料为风化多孔性岩石、现场水灰比控制不严、水灰比偏大、混凝土浇筑振捣不密实、引气效果差、混凝土含气量不足或气泡质量不佳、施工养护不力，使表面混凝土质量下降或早期受冻等。

水工混凝土的冻融破坏，是国内外研究较早、较深入的课题。从 20 世纪 40 年代以后，美国、苏联、欧洲、日本等均开展过混凝土冻融破坏机理的研究，提出的破坏理论就有 5～6 种。如美国鲍尔斯（T. C. Powers）提出的膨胀压和渗透压理论，吸水饱和的混凝土在冻融过程中遭受的破坏力主要由两部分组成：一是膨胀压力，当混凝土中的毛细孔水在某负温下发生物态变化，由水转变成冰时，体积膨胀 9%，因受毛细孔壁约束形成膨胀压力，从而在孔周围的微观结构中产生拉应力；二是渗透压力，由于表面张力作用，混凝土毛细孔隙中水的冰点随着孔径的减小而降低，因而在粗孔中的水结冰后，由冰与过冷水（存在于较细孔和凝胶孔中）的饱和蒸气压差和过冷水之间盐分浓度差引起水分迁移而形成渗透压。另外，冷水迁移渗透的结果必然会使毛细孔中冰的体积不断增大，从而形成更大的膨胀压力，当混凝土受冻时，这两种压力会损伤混凝土的内部微观结构，但一次作用造成的损伤远不足以使混凝土的宏观力学性能发生可以察觉的变化，只有当经过反复多次的冻融循环以后，损伤逐步积累，不断扩大，发展成互相连通的大裂缝，才能使混凝土的强度逐渐降低，最后甚至完全丧失承载能力。

3.3　水工混凝土渗流溶蚀病害及其产生机理

混凝土是以水泥为胶结材料，砂石为骨料，由水泥水化产物将骨料粘结成整体并具有一定强度和抗渗性能的建筑材料。水工混凝土长期与水接触，其中的 CaO 在压力渗水的作用下溶解析出生成 $Ca(OH)_2$ 而被带走，在渗水出口处与 CO_2 气体反应生成 $CaCO_3$ 白色结晶体，标志着混凝土已发生病变。混凝土中的 CaO 不断被渗水溶解带走后，孔隙率增加，渗透性增大，溶出性破坏逐步加重，混凝土因失掉胶凝性，强度和抗渗能力逐渐下降。有资料表明，当混凝土中 CaO 被溶出 25% 时，抗压强度将下降 36%，抗拉强度将下降 66%。CaO 被溶出 33% 时，混凝土变得酥松而失去强度。

当混凝土承受环境水压产生渗透时，环境水通过混凝土中的连通毛细管向压力低的一侧渗出，渗透溶蚀的驱动力是环境水压力。渗透溶蚀发生时，渗透介质首先将毛细孔壁的固相氢氧化钙溶解，这部分固相氢氧化钙溶解完后，位于毛细孔周围被水化产物覆盖的游离氢氧化钙将开始溶解，通过水化产物覆盖层向毛细孔液相扩散。若氢氧化钙扩散系数小于渗透系数，渗透介质中氢氧化钙达不到饱和浓度，毛细孔壁的水化产物将局部被分解，使孔径粗化、孔隙率增大，从而氢氧化钙的扩散系数和混凝土的渗透系数进一步增大，渗透溶蚀现象加剧。随后渗透介质的氢氧化钙浓度越来越低，水化产物分解由局部向周围发展，混凝土强度开始出现大幅下降。混凝土坝遭受溶蚀破坏的程度，既取决于混凝土坝本身的结构状况，又与环境水质有着密切关系。混凝土越密实、渗透性越小，抗溶蚀能力就越强；若组成混凝土的水泥具有抗侵蚀性，其抗溶蚀能力就比较强；如果环境水质具有较强的侵蚀性，则混凝土坝易遭受溶蚀破坏。

根据国家电力监管委员会大坝安全监察中心的统计，我国的丰满、佛子岭、新安江、响洪甸、磨子潭、梅山、古田溪一～三级、陈村、云峰、罗湾、安砂、南告、水东等混凝土坝，都存在不同程度的溶蚀病害，其中一些连拱坝、支墩坝等轻型坝尤为严重，上述坝体混凝土溶蚀主要是混凝土在压力水渗透作用下，孔隙液中的钙离子被低硬度水溶出。广州抽水蓄能电站二期输水隧洞衬砌混凝土在运行后不久也被发现有溶蚀现象，因隧洞衬砌混凝土所受内外水压力差较小，与上述坝体混凝土因受压力水渗透作用被溶蚀有所不同。

3.4　水工混凝土碳化及其产生机理

混凝土碳化是混凝土所受到的一种化学腐蚀。空气中二氧化碳气体不断地沿着不饱和水的混凝土通道毛细孔渗透到混凝土中，与混凝土孔隙液中的氢氧化钙进行中和反应，生成碳酸钙和水，这种现象称为碳化。由于混凝土碳化过程中，孔隙液的碱度逐渐下降，pH 值降到 10 以下，直至 8.5 左右，因而混凝土碳化过程亦称为中性化过程。水泥在水化过程中生成大量的氢氧化钙，使混凝土空隙中充满了饱和氢氧化钙溶液，其碱性介质对钢筋有良好的保护作用，使钢筋表面生成难溶的三氧化二铁和四氧化三铁，称为纯化膜。碳化后使混凝土的碱度降低，当碳化超过混凝土的保护层时，在水与空气存在的条件下，就会使混凝土失去对钢筋的保护作用，钢筋开始生锈。可见，混凝土碳化作用一般不会直接引起其性能的劣化。对于素混凝土，碳化还有提高混凝土耐久性的效果，但对于钢筋混凝土来讲，碳化会使混凝土的碱度降低，同时，增加混凝土孔溶液中氢离子数量，因而会使混凝土对钢筋的保护作用减弱。

影响混凝土碳化速度的因素是多方面的。首先，影响较大的是水泥品种，因不同的水泥中所含硅酸钙和铝酸钙盐基性高低不同；其次，影响混凝土碳化主要还与周围介质中二氧化碳的浓度高低及湿度大小有关，在干燥和饱和条件下，碳化反应几乎终止，所以这是除水泥品种影响因素以外的一个非常重要的原因；再次，在渗透水经过混凝土时，石灰的溶出速度还将决定于水中是否存在影响氢氧化钙溶解度的物质，如水中含有硫酸钠及少量镁离子时，石灰的溶解度就会增加，如水中含有碳酸氢钙的碳酸氢钙镁对抵抗溶出侵蚀则十分有利，因为它们在混凝土表面形成一种碳化保护层。另外，混凝土的渗透系数、透水量、混凝土的过度振捣、混凝土附近水的更新速度、水流速度、结构尺寸、水压力及养护方法与混凝土的碳化都有密切的关系。

混凝土碳化是混凝土坝老化的征兆之一，也是混凝土坝的一个重要病害。混凝土碳化的速度，取决于结构的使用年限长短，并与混凝土的内在因素和环境条件密切相关。据对109座水电站混凝土坝运行时段的统计，按首次蓄水时间来划分，1950年以前的为2座，1950—1960年为17座，1961—1970年为16座，1971—1980年为32座，1981—1990年为20座，1991年以后的为22座，至2000年底，坝龄超过20年以上的为67座，30年以上的为35座，40年以上的为19座。这些坝在建设过程中，有些曾经遭到人为因素的干扰，有些因受历史条件和当时技术水平限制而混凝土质量较差。随着岁月的流逝，这些坝表层碳化现象逐渐明显，危害程度也日益加重。

3.5 水工混凝土病害可能原因的故障树逻辑诊断

逻辑诊断是根据水工混凝土病害和它的所有成因之间的逻辑联系进行诊断，来判明水工混凝土病害的基本成因。故障树分析法是逻辑诊断最常用的方法，是一种图形演绎法。它能把系统的故障与导致该故障的诸因素，包括直接的、间接的、环境的和人为的因素，从上往下可得出系统故障与哪些影响因素有关，从下往上可得出各影响因素对系统故障的影响，从而分析故障产生的原因。将故障树分析法用于水工混凝土病害成因分析中，是通过对造成水工混凝土产生病害的所有原因（包括直接的、间接的、环境的和人为的因素）进行逻辑分析，绘制故障树，分析水工混凝土病害产生的可能原因。

3.5.1 故障树的建立

故障树建立的主要步骤如下：

（1）选择和确定故障树的顶事件。顶事件是系统最不希望发生的事件，或是进行逻辑分析的故障事件。对于水工混凝土病害成因分析来讲，将水工混凝土看作一个系统，故障树的顶事件即为水工混凝土的病害。

（2）分析顶事件。寻找顶事件（水工混凝土的病害）发生的直接的必要和充分原因，将顶事件（水工混凝土的病害）作为输出事件，将所有直接原因作为输入事件，并根据这些事件的实际逻辑关系用适当的逻辑符号相联系。

（3）分析输入事件。分析每个与顶事件（水工混凝土的病害）相联系的输入事件，若该事件能进一步分解，则将其作为下一级的输出事件，并将其按次级顶事件进行处理。

（4）建立故障树。重复上述步骤，逐级向下分解，直到所有的输入事件不能再分解或不必再分解为止，即建立成了故障树。

3.5.2 绘制故障树

绘制故障树时，主要使用下列基本符号：

（1）故障事件：表示一个需要讨论下去的故障事件，用一个矩形框表示，如图3.5.1（a）所示。

（2）未探讨事件：表示一个原因不明或不讨论下去的事件，用一个菱形框表示，如图

3.5.1 (b) 所示。

(3) 基本事件：表示一个最基本的和不能再分解的故障事件，用一个圆表示，如图 3.5.1 (c) 所示。

(4) 或门（OR）：是一种逻辑符号，表示在输入事件中只要有一个发生则输出事件就会发生的逻辑关系，其符号表示如图 3.5.1 (d) 所示。

(5) 与门（AND）：是一种逻辑符号，表示所有输入事件都发生时输出事件才发生的逻辑关系，其符号表示如图 3.5.1 (e) 所示。

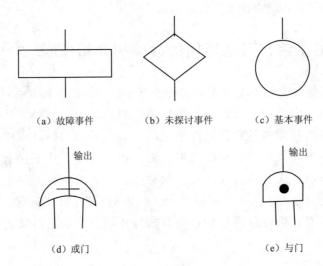

图 3.5.1　故障树基本符号示意图

绘制故障树就是根据建立故障树时分析得到的逻辑关系，将顶事件与次级顶事件使用上述符号连接起来，对每一个次级顶事件再进行类似的分解，一直到不能再分解的基本事件为止。对于水工混凝土病害成因分析来讲，水工混凝土病害即为故障树的顶事件。根据收集的资料，对病害产生原因进行逐级分析，建立故障树，从而分析得到病害的可能原因。图 3.5.2 所示为水工混凝土裂缝成因的一个简单故障树。

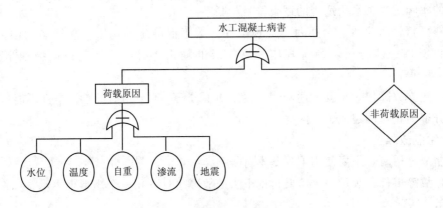

图 3.5.2　水工混凝土裂缝成因的故障树

3.6　工程实例分析

　　裂缝是混凝土病害的主要表现形式。下面以混凝土裂缝为例，结合实际工程进行裂缝的成因分析。通过查阅了近百篇文献和书籍，对国内外的66座混凝土坝裂缝分布及其成因进行了收集和统计，典型资料见表3.6.1。

表 3.6.1　裂缝分布及成因统计表（典型工程）

坝名及坝型	裂缝类型及分布	主　要　成　因	备　注
龙羊峡重力拱坝	下游面出现垂直裂缝、水平裂缝和斜缝，共35条	低温＋高水位作用	位于青海省，坝高178m
紧水滩双曲拱坝	贯穿性水平裂缝、横缝缝面裂缝、垂直缝，其中上游面裂缝比下游多，共300多条	温差作用；气温骤降；混凝土浇筑层面处理不当；混凝土降温过程控制不当	位于浙江省，坝高102m
普定碾压混凝土拱坝	共49条裂缝，其中2条贯穿性裂缝、坝顶27条裂缝、下游面7条裂缝、溢流面12条裂缝、溢流右导墙1条，多为径向分布	低水位＋温降＋气温骤降；经历三次放空水库，且两次气温较低	位于贵州省，坝高75m
佩蒂拱坝	靠近左岸坝肩出现裂缝	碱骨料反应	位于巴西
Tolla超薄拱坝	大坝上部两侧靠近拱座的上下游面大面积裂缝	坝体太薄，没有安全裕度；坝基基岩坚硬，引起坝体混凝土拉应力增加；气温变化太大	位于法国
Pacoima拱坝	左拱端坝段	受地震荷载作用	位于美国，坝高113m
火甲拱坝	第一层拱体出现两条贯穿性对称裂缝	空库＋寒潮袭击	位于广西壮族自治区，坝高21m
石门拱坝	坝踵开裂	低温＋高水位，同时受裂缝水劈裂作用	位于陕西省，坝高88m
虎盘水电站双曲拱坝	寒潮过后出现4条竖向裂缝，纵向分布，切断坝轴线，由下向上发展，下宽上窄，上下游基本对称，背水面宽，迎水面窄	环境温差作用，没有采取应有的温控措施，混凝土约束条件不同，间歇性施工造成冷缝，养护不及时、干缩、保温条件差	位于河南省，坝高41m
金坑双曲拱坝	横缝开裂且部分贯穿	空库＋温降	位于浙江省，坝高80.0m
刘家峡实体重力坝	坝体出现较多裂缝，达200多条	设计时未提出温控措施；温度骤降	位于甘肃省，坝高107m
潘家口宽缝重力坝	50号及其邻近坝段坝后水平裂缝，部分坝段在接近中线部位出现垂直裂缝，且部分渗水；47号坝段197m水平裂缝	环境温度影响；新老混凝土之间结合不良，抗拉强度低	位于河北省，坝高107.5m

续表

坝名及坝型	裂缝类型及分布	主　要　成　因	备　注
新安江宽缝重力坝	右坝头1号坝段坝顶出现裂缝；10～15号坝段廊道上游壁出现冷缝	温度作用、渗水压力、坝体结构；混凝土浇筑不正确	位于浙江省，坝高105m
德沃歇克重力坝	在9个坝段的上游面发生严重的横向垂直裂缝	大坝表层混凝土水泥用量多；严寒气温与低温库水；高水位	位于美国，坝高219m
牛路岭空腹重力坝	55.85m廊道顶部正中出现平行于坝轴线方向的裂缝，空腹拱顶部、溢流面反弧段平行于坝轴线裂缝	自重＋水压＋内外温差，混凝土保护层厚度，钢筋直径、配筋率、钢筋布置形式	位于海南省，坝高130m
玉川碾压混凝土重力坝	上下游坝面垂直向劈头裂缝	横缝间距设置；浇筑方式（通仓）；内外温差过大，基础及内部强烈约束；水力劈裂	位于日本，坝高100m
黑泉混凝土面板堆石坝	混凝土面板出现裂缝，绝大多数为平行于坝轴线的水平走向的横缝	混凝土原材料；塑性裂缝；温差过大；干缩裂缝；施工工艺产生的裂缝	位于青海省，坝高123m
佛子岭连拱坝	有1000多条裂缝，包括拱筒环向缝、拱筒叉缝、拱垛交接面裂缝、收缩缝裂缝、收缩缝顶端裂缝、垛头缝、垛尾缝、铅直裂缝、收缩缝延伸斜缝等	主要原因：施工质量；新老混凝土收缩性不同；基础约束；低温＋低水位及低温＋高水位作用；部分坝垛下游坝址基岩风化严重等	位于安徽省，坝高75.9m

　　由表3.6.1的统计资料可以看出，使混凝土坝产生裂缝的因素很多，包括水位过高或过低、温差过大、气温骤降、碱骨料反应、混凝土干缩变形、混凝土养护措施不当、混凝土浇筑质量较差、老混凝土对新混凝土的约束、分缝分块过大、地基不平整、基础不均匀沉降、基岩约束过大、地震等。根据该表统计资料，建立的故障树，如图3.6.1所示，可以利用故障树分析混凝土病害（如裂缝）的成因。

　　下面以陈村重力拱坝为例，进行裂缝成因分析说明。陈村重力拱坝坝顶高程为126.3m，最大坝高为76.3m，自左向右有28个坝段，如图3.6.2所示；控制流域面积为2800km²，多年平均降水量为1734mm，多年平均流量为87.1m³/s，多年平均来水量为27.5亿m³；设计洪水位为122.2m，校核洪水位为124.6m，保坝水位为127.7m，汛后最高蓄水位为119.0m，汛期限制水位为117.0m；水库为多年调节，总库容为28.25亿m³。主要监测项目有平面网、高程网、正倒垂线、沉陷观测、内部仪器、扬压力、绕坝渗流、水质分析等9项；已经实现自动化观测的项目有垂线、水位、气温、裂缝和接缝、库水温和混凝土温度等共109个测点。

　　以下游面105m高程裂缝18-I测点为例，收集裂缝开度的实测值及相应的水位、温度、降水、扬压力等实测数据，原始数据信息表见表3.6.2，由于数据较多，未将所有的数据都列出。

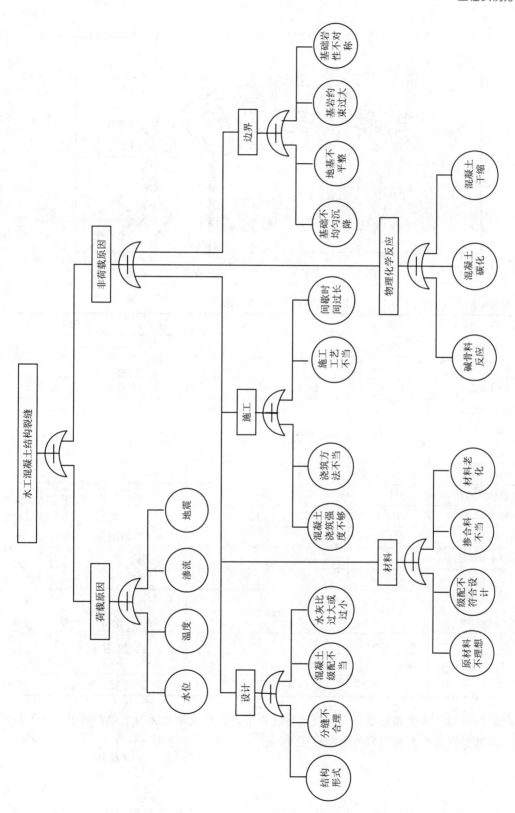

图 3.6.1 水工混凝土结构裂缝的故障树

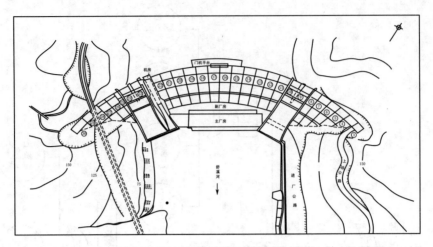

图 3.6.2 陈村水电站枢纽平面布置图

表 3.6.2 各项观测资料统计表（部分）

日期/(年.月.日)	水位/m	温度/℃	降水/mm	扬压力/m	裂缝开度/mm
1980.01.30	102.27	−7.1	0	57.31	3.2
1980.02.14	102.06	2.6	0	57.2	3.05
1980.06.05	108.58	24.4	0	56.82	1.57
1981.01.29	104.87	0	2.5	57.63	3.07
1981.03.23	106.14	13.6	116.1	57.61	2.09
1981.08.24	112.31	29	19.7	58.55	1.57
1982.07.19	107.24	24.5	11.4	58.12	1.51
1983.05.12	111.97	21.6	0	58.28	1.37
1983.08.15	111.2	29.5	0	59.04	1.59
1984.03.01	101.64	5	0	58.71	3.01
1985.01.31	102.53	0.4	0	58.75	3.03
1985.08.26	109.39	28	0	59.58	1.55
1986.08.25	112.01	23.6	0	59.22	1.55
1987.05.07	113.04	18.1	0	59.07	2.73
1987.07.27	114.84	25.4	0.8	59.46	2.65
1988.07.11	112.04	31.1	0	59.95	2.65
⋮	⋮	⋮	⋮	⋮	⋮

经分析可得，水位和温度是大坝在运行过程中裂缝产生和发展的主要影响因素，并且不同水位和温度的组合对裂缝的影响程度不同。

4

水工混凝土病害评价方法研究

　　水工混凝土病害是构成水工建筑物的发生破坏的最大威胁之一。大坝在失效的前期，会出现一些病害，产生一些征兆。若这些病害没有及时采取有效的措施进行控制和补救，将不断扩展失稳导致坝体的最终失效。由于对水工混凝土病害评估，现在还没有统一的规范，所以主要还是靠有丰富经验的工程技术人员，凭他们的实践经验，对各种资料做出正确的解释，并依靠从类似工程或处理类似工程得来的经验审慎地做出安全评估。本书主要是在总结水工混凝土各种病害对水利水电工程安全性影响程度的基础上，提出科学可行的水工混凝土病害评估方法。

4.1　水工混凝土病害评价体系的构建

　　根据工程检测结果，对水工混凝土病害的危害性做出分析和评价。水工混凝土坝病害的危害性分析是指病害的产生过程以及其危害特性、对坝体造成的破坏及后果等情况做出评价和预测。水工混凝土坝病害的危害性评估面临的是一个相互联系、相互制约的众多因素构成的复杂而又往往缺乏定量数据的系统。对水工混凝土坝病害的危害性评估可以从病害属性特征和影响因素入手，即根据确定的评价目的，按照一定的标准对客体的价值或优劣进行评判和比较，作为人们认识事物的重要手段。由于病害发生位置的差异性、发生时间的差异性、类型的差异性、大坝材料的差异性及工程重要性的差异性，导致对病害危害性的评价上，缺少统一性和定量性特征，因此，通过筛选与病害的危害关系密切的各种因素指标并定量化，将是实现水工混凝土病害评估的一种手段。

4.2　水工混凝土病害属性特征和影响因素

　　在分析水工混凝土病害的危害性之前，必须先对其状态属性做一番必要的了解。水工混凝土病害主要形式包括裂缝、冻融、溶蚀、碳化等，也有少数是由碱集料反应引发的，其中裂缝是构成水工混凝土病害的最主要因素。

4.2.1 裂缝的属性特征和影响因素

裂缝检测内容包括裂缝的长度、宽度、深度、位置、数量、分布、走向等裂缝特征及裂缝周围混凝土、环境和荷载的变化情况是裂缝危害性评价的前提和基础。这些因素的差异，会影响裂缝的危害性评价结果，所以有必要根据裂缝的因素子集进行归类和划分，具体为以下内容：

（1）裂缝特征：主要包括裂缝长度、宽度、深度、走向、数量、开裂部位等。

（2）材料特性：包括热力学参数（线膨胀系数、导热系数、比热、绝热温升）、极限拉伸值、徐变值、自身体积变形。

（3）环境或荷载条件：主要为水位、气温等的变化。

（4）地形地质条件：断层、破碎带、夹层等破坏基岩完整的地质缺陷。地形地质条件则主要根据目前已经批准的国家标准 GB 50218—2014《工程岩体分级标准》，本书主要考虑将坝区地基划分为差、较差、一般、良、优共五个等级。一些研究者针对各自工程的特点，建立了用于特定工程的岩体质量评价标准。

（5）施工质量：混凝土作为主要建筑材料，其施工质量的好坏是裂缝危害性等级鉴定的关键性因素。

（6）水工结构型式和工程规模及重要性：具有不同型式、几何尺寸的结构，裂缝对结构产生不同的危害响应，其工程失效后对经济、社会和环境的影响程度也有所不同。我国水利部颁发的现行规范 SL 252—2017《水利水电工程等级划分及洪水标准》，将工程能够的重要性划分为五个工程等级，分别对应大（1）型，大（2）型，中型，小（1）型，小（2）型，分别对应Ⅰ级、Ⅱ级、Ⅲ级、Ⅳ级、Ⅴ级。

4.2.2 碳化的属性特征和影响因素

（1）碳化的特征：碳化深度和面积。

（2）材料特性：水泥中所含硅酸钙和铝酸钙盐基性高低。

（3）周围环境：周围介质中二氧化碳的浓度高低及湿度大小。

4.2.3 溶蚀破坏的属性特征和影响因素

（1）溶蚀破坏的特征：凡有漏水部位均可见厚厚的白色和黄色溶蚀物、混凝土孔隙率增加，渗透性增大，溶出性破坏逐步加重，混凝土因失掉胶凝性，强度和抗渗能力逐渐下降。

（2）材料特性及施工质量：水工混凝土的防渗等级、施工质量等级。

（3）外部环境条件：内外水压力差较小。

4.2.4 冻融破坏的属性特征和影响因素

（1）冻融破坏的特征：混凝土的脱落深度和面积、最大脱落深度、脱落位置。

（2）外部环境条件：气温越低，冻层越深，混凝土的剥蚀层越厚；温降速度越快，年冻融循环次数越多，剥蚀破坏越严重，发展也越快；冻融破坏部位主要是水位变化区的混凝土结构或被渗漏水、地下渗流水、天然降水饱和的钢筋混凝土结构。

（3）材料特性及施工质量：混凝土抗冻等级、水灰比、施工质量等级。

4.3 水工混凝土病害的危害特性分析

混凝土病害的存在，将对坝体的强度、稳定性、耐久性、渗漏和整体性的影响，有必要对其产生危害程度做出评价。事实上，这样的工作是非常困难的，因为可以比较容易地知道混凝土病害的哪些特征或状态属性与病害的危害性有关，但要确定它们与病害的危害的相关性到底有多大是需要进一步研究解决的问题。混凝土病害对坝体强度、稳定、刚度和整体性及耐久性等方面的影响，不能直接通过测量或者观测来获得，必须根据专家经验、数值计算或模型试验来定性或定量地确定。总体上，混凝土病害的危害特性主要表现在以下方面。

1. 强度

强度问题是指结构或结构构件在稳定平衡状态下由荷载所引起的最大应力是否超过材料的强度。从理论上来讲，混凝土坝内某点的开裂、屈服或达到极限强度等可以定义为破坏。由于结构应力达到限值，超过材料强度而破坏或因过度的塑性变形而造成承载能力的不足，是结构破坏开始的特征，或是结构强度不足的征兆。由于承载能力直接反映了结构的安全使用功能，混凝土裂缝、脱落、碳化对承载能力的危害性大小直接影响到大坝的安全与正常运行。而对整个坝体结构而言，即使有较大裂缝出现或在荷载作用下某点局部的强度失效，并有可能导致承载能力的降低，但多数情况下，开裂引起的高应力区范围很有限且形成的局部塑性区不足以危及或直接影响结构的整体安全和承载能力，因此要根据裂缝发生的原因、性质、大小、部位、结构受力情况和强度的控制标准进行分析，寻找不利的应力重分布，由此分析裂缝对坝体强度的影响。

2. 稳定

稳定问题主要是找出外荷载与结构内部抵抗力间的不稳定平衡状态，即变形开始急剧增长的状态，是一个变形问题。混凝土裂缝、冻融脱落直接影响到坝体结构的受力断面特性，从而给大坝带来了稳定和安全隐患。因此，用有混凝土裂缝、冻融脱落的模型计算分析方法进行大坝的结构安全评价时，要复核稳定的控制标准。若不满足规范的要求或是发现超出控制标准的异常，则说明裂缝和冻融脱落的存在使大坝的安全性和使用功能逐渐减弱。

3. 刚度和整体性

当坝体出现裂缝或局部破坏时，会影响坝体的整体刚度。贯穿性裂缝延伸到部分结构面，将导致结构分离，严重地恶化结构的应力状态，破坏结构的整体性。裂缝随着环境荷载的变化而引起的发展变化（尤其如突然开裂失稳或闭合），会使原先分离的地方可能发生接触，而接触的地方也可能再次分离甚至发生新的裂缝。由于裂缝的存在削弱了坝体的整体性和刚度，开裂越深，其削弱程度增加，坝体承载能力可能降低。

4. 渗漏

混凝土贯穿裂缝和溶蚀破坏是引起渗漏的主要原因。当裂缝与外界水（如水库）连通且贯穿挡水结构时，可形成渗漏通道，而漏水程度又与裂缝的产状（宽度、深度、分布）、湿度及干湿循环有关，如冬季温度低，裂缝开度大，在同样水位作用下，其渗漏量大。

而溶蚀可使混凝土孔隙率增加，渗透性增大，溶出性破坏逐步加重，混凝土因失掉胶凝性、强度和抗渗能力逐渐下降。对于混凝土重力坝来说，如果裂缝达到一定贯穿深度和宽度，会引起坝体扬压力的急剧增长，削弱坝体的抗滑能力，对结构抗震非常不利，甚至会对整个坝体的结构稳定和安全造成威胁；同时还会对大坝材料产生侵蚀，带走钙质，造成强度的降低。

  5. 耐久性

混凝土碳化及钢筋锈蚀是影响混凝土耐久性危害大，后果严重的病害，发生此类病害的占调查工程总数的 $40\%\sim50\%$。有专家认为，混凝土碳化和钢筋锈蚀是钢筋混凝土的癌症。裂缝是材料的不连续现象，属于物理性病害，是水工结构耐久性失效的首要影响因素，明显加快了混凝土结构被碳化的速度。直观上来讲，裂缝的存在为侵蚀物质提供了一个相对容易的通道，裂缝越宽，分布密度越大，穿越混凝土的腐蚀介质、水分和氧气就越多，从而导致混凝土碳化，相当于减少了结构的厚度或者承载的有效截面，并使碳化深度逐渐向结构混凝土内部发展，直接消耗混凝土的有效黏结成分，并由渗透水溶解带出，降低了碳化域内混凝土的抗拉强度和抗渗能力，从而对结构剩余寿命、耐久性、安全性和适用性造成影响。

4.4 水工混凝土病害危害程度的等级划分

  不同的混凝土病害，具有的危害程度不同，因此有必要根据病害的危害特性对病害的危害程度做出等级评价。一般目前对病害危害性的评估与等级划分尚无统一的判定标准和标度值。各工程可根据本身的特殊性、重要性及地理地质条件的不同，对病害制定相应的检查项目和分类判定标准，本书将危害性等级划分为四类（Ⅰ级、Ⅱ级、Ⅲ级、Ⅳ级），分别对应的危害性的影响程度为轻度、一般、重度、危害性，各等级的划分标准见表 4.4.1，其中，病害属性特征指标的标定值根据病害的工程标准拟定。相应地得到论域 V，并作为危害性最终的评语集。

$$V=\{轻度,一般,重度,危害性\}$$

表 4.4.1   水工混凝土病害危害程度等级划分标准

类别	病害产状及危害情况
Ⅰ（轻度）	病害属性特征在Ⅰ级指标的标度值范围内，微小病害。对水工混凝土结构稳定、结构强度、耐久性和安全运行基本无影响
Ⅱ（一般）	病害属性特征在Ⅱ级指标的标度值范围内，对水工混凝土结构稳定、结构强度、耐久性和安全运行有一定程度影响
Ⅲ（重度）	病害属性特征在Ⅲ级指标的标度值范围内，对水工混凝土结构稳定、结构强度、耐久性和安全运行有较大的影响并构成一定的威胁
Ⅳ（危害性）	病害属性特征在Ⅳ级指标的标度值范围内，大面积病害，它使水工混凝土结构稳定、强度安全系数降到临界值或以下，对水工混凝土结构构成直接危害

混凝土病害的危害性评估分别考虑因素 A_1，A_2，$\cdots$，A_n（如病害产状参数、环境因素运行条件等）入手，确定这 n 个因素各自的评估指标分别为 ω_1，ω_2，$\cdots$，ω_n，并设指标越高，病害危害性程度越高。确定各因素在整体评估中的权重为 λ_1，λ_2，$\cdots$，λ_n $\left[\lambda_1 \in (0,1)，\sum_{i=1}^{n} \lambda_i = 1\right]$，使用加权平均法得 $\overline{\omega} = \sum_{i=1}^{n} \lambda_i \omega_i$，以 X 作为整体的评估指标，将混凝土病害危害性最终评判的四个等级划分结果分别对应的标度值见表 4.4.2。

表 4.4.2 水工混凝土病害危害性等级标度值

危害等级	Ⅰ级（轻度）	Ⅱ级（一般）	Ⅲ级（重度）	Ⅳ级（危害性）
等级标度值	<1	（1，2）	（2，3）	（3，4）

不同材料特性、工程规模、地形地质、环境因素及病害产生位置的差异，对水工混凝土构成不同程度的危害，因此水工混凝土病害危害性评价的关键是对影响因子这一指标的选择、量化以及区划，从而对病害的危害性做出快速而准确的评价。病害参数的量化和区划是否合理，直接关系病害危害性评价的结果。

4.5 基于可拓理论的水工混凝土病害危害程度等级评价

水工混凝土病害的危害性受多种因素的影响，要准确确定全部影响因素对病害危害性的影响程度是非常困难的，甚至是不可能的，因此只能通过不完备的因素来评价裂缝的危害，这正是可拓学中讨论的不相容问题。可拓学以不相容问题为研究对象，研究其转化规律及解决方法。应用可拓方法评价病害危害性，把病害危害转换成更容易定量描述的"替代物"来进行定量评价。可拓评价方法利用关联函数可以取负值的特点，使评价方法较全面地分析属于集合的程度，因而为病害的危害评价提供了一种参考方法。本章运用可拓学的物元方法，建立病害危害多指标参数综合评价的物元模型。

可拓学是用形式化的工具，从定性和定量两个角度去研究解决矛盾问题的规律和方法。可拓学的理论支柱是物元理论和可拓集合理论，其逻辑细胞是物元。

在解决现实问题中，要寻求解决矛盾问题的形式化方法，只考虑事物的量变是不够的，必须将事物、事物的特性及相应的量值作为一个整体来考虑。为此，可拓学引入了把质与量有机结合起来的物元概念，它是以事物、特征及关于该特征的量值三者所组成的三元组，记作 $R =$（事物，特征，量值）$= (N, c, V)$，在病害的危害程度可拓评价中，N 表示病害的危害性等级，c 表示病害属性特征、条件属性和其他影响病害危害性的等级的因素，V 表示 N 关于 c 的取值。物元作为可拓学的逻辑细胞，为解决矛盾问题的形式化提供了工具。

4.5.1 确定待评物元矩阵

（1）病害危害性等级评判的物元。将评价的病害危害性划分为 m 类，影响病害危害的因素有 n 个，根据物元的定义，病害的危害性可用下面的 n 维物元来评价。

$$R_i = (N_i, C, V) = \begin{bmatrix} N_i & c_1 & v_{i1} \\ & c_2 & v_{i2} \\ & \vdots & \vdots \\ & c_n & v_{in} \end{bmatrix} (i=1,2,\cdots,m) \tag{4.1}$$

式中：N_i 为病害危害性划分的第 i 个影响等级；c_n 表示病害危害性等级 N_i 的评价因素特征（$j=1,2,\cdots,n$），包括病害属性特征、条件属性和其他影响病害危害性的等级的因素；v_{in} 表示病害危害性等级为 i 级所对应的 c_j 的量值，即从实际工程中的病害根据专家咨询结果或是经验总结得到的标度值进行划分的数值。

（2）确定评判的经典域。根据实际工程及已有的评定标准，将病害的危害划分为 s 种危害等级，则可以得到病害的经典域物元 R_{ot} 为

$$R_{ot} = (N_{ot}, C, V_{ot}) = \begin{bmatrix} N_{oi} & c_1 & v_{ot1} \\ & c_2 & v_{ot2} \\ & \vdots & \vdots \\ & c_n & v_{otn} \end{bmatrix} = \begin{bmatrix} N_{ot} & c_1 & \langle a_{ot1}, b_{ot1} \rangle \\ & c_2 & \langle a_{ot2}, b_{ot2} \rangle \\ & \vdots & \vdots \\ & c_n & \langle a_{otn}, b_{otn} \rangle \end{bmatrix} (t=1,2,\cdots,s)$$

$$\tag{4.2}$$

式中：R_{ot} 为病害危害性等级（类别），C 为性质特征，即决定病害危害性等级的因素；V_{ot} 分别为 N_o 关于 C 取值的范围，即经典域。

（3）确定评判的节域。水工混凝土病害危害性的节域物元 R_P 为

$$R_P = (P, C, V_P) = \begin{bmatrix} P & c_1 & v_{P1} \\ & c_2 & v_{P2} \\ & \vdots & \vdots \\ & c_n & v_{Pn} \end{bmatrix} = \begin{bmatrix} P & c_1 & \langle a_{P1}, b_{P1} \rangle \\ & c_2 & \langle a_{P2}, b_{P2} \rangle \\ & \vdots & \vdots \\ & c_n & \langle a_{Pn}, b_{Pn} \rangle \end{bmatrix} \tag{4.3}$$

式中：P 为病害危害性等级划分的全体；v_{Pn} 为因素 c_n 的所有取值，即节域 $\langle a_{Pn}, b_{Pn} \rangle$。

（4）确定待评物元。对于待评病害，把其中第 i 个病害所检测和收集到的评价信息用物元表示，得到待评物元 R_{i0}：

$$R_{i0} = (N_{i0}, C, V_i) = \begin{bmatrix} N_{i0} & c_1 & v_{i1} \\ & c_2 & v_{i2} \\ & \vdots & \vdots \\ & c_n & v_{in} \end{bmatrix} (i=1,2,\cdots,m) \tag{4.4}$$

式中：N_{i0} 为第 i 个待评病害；c_n 为决定待评病害危害性的因素（$j=1,2,\cdots,n$）；v_{in} 为第 i 个待评病害对应的 c_j 的量值，即为待评病害检测到的具体数据。

4.5.2　确定待评物元关于各等级的关联度函数

经典数学建立在集合论的基础上，用以描述经典集合的是特征函数，其值域为 $\{0,1\}$；模糊数学建立在模糊集合论的基础上，用值域为 $[0,1]$ 的隶属函数来描述；可拓集合论是用取值范围为整个实数轴的关联函数来刻画的，可拓学用代数式来表征可拓集

合的关联函数，为解决不相容问题的过程定量化提供了一条思路。

对于病害危害性类别的评价，利用可拓集合中的关联函数来求得待评病害物元的关联度，通过关联函数可以定量地描述论域中的元素具有某性质的程度及其变化，通过关联函数和可拓距离将定性数据和定量数据结合、转化，从而解决实际中存在的问题。

对于第 i 条病害的第 j 个因素关于病害危害性分类 t 的关联度可用下式求得

$$k_{it}(v_{ij})=\begin{cases}-\dfrac{\rho(v_{ij},v_{otj})}{|v_{otj}|} & ,\quad v_{ij}\in V_{otj}\\[3mm]\dfrac{\rho(v_{ij},v_{otj})}{[\rho(v_{ij},v_{pj})-\rho(v_{ij},v_{oij})]}, & v_{ij}\notin V_{otj}\end{cases}$$

$$(i=1,2,\cdots,m;j=1,2,\cdots,n;t=1,2,\cdots,s)\tag{4.5}$$

距的概念：$\rho(v,\langle a,b\rangle)=|v-(a+b)/2|-(b-a)/2$，表示离 x 最近区间端点与 x 的距离，负值的不同表示 x 在区间 $\langle a,b\rangle$ 内位置不同。

其中：
$$\rho(v_{ij},v_{otj})=|v_{ij}-(a_{otj}+b_{otj})/2|-(b_{otj}-a_{otj})/2$$
$$\rho(v_{ij},v_{pj})=|v_{ij}-(a_{pj}+b_{pj})/2|-(b_{pj}-a_{pj})/2$$

由上分析，可得到病害 N_i 关于评价类别 t 的关联度为

$$k_{it}(N_i)=\sum_{j=1}^{n}W_{ij}k_{it}(v_{ij}),(i=1,2,\cdots,m;t=1,2,\cdots,s)\tag{4.6}$$

式中：W_{ij} 为评价因素 c_j 的权重分配系数，可按式（4.7）计算：

$$w_{ij}=\frac{v_{ij}/b_{oti}}{\sum_{j=1}^{n}v_{ij}/b_{otj}},(i=1,2,\cdots,m;t=1,2,\cdots,s)\tag{4.7}$$

显然有 $\sum_{j=1}^{n}w_{ij}=1$。

由式（4.6）可以看出，为了确定病害 N_i 关于评价类别 t 的关联度则必须确定权重，权重可用式（4.8）求导。

$$r_{ij}(v_i,V_{otj})=\begin{cases}\dfrac{2(v_i-a_{otj})}{b_{otj}-a_{otj}},v_i\leqslant\dfrac{a_{otj}+b_{otj}}{2}\\[3mm]\dfrac{2(b_{otj}-v_i)}{b_{otj}-a_{otj}},v_i\geqslant\dfrac{a_{otj}+b_{otj}}{2}\end{cases}$$

$$(i=1,2,\cdots,n;j=1,2,\cdots,m;t=1,2,\cdots,s)\tag{4.8}$$

且 $v_i\in V_{iP}$（节域）（$i=1,2,\cdots,n$），则确定混凝土病害危害性指标的最大关联度 $r_{ij\max}$ 和相应级别 $j_{\max}$ 由式（4.9）确定：

$$r_{ij\max}(v_i,V_{otj})=j_{\max}(r_{ij}(v_i,V_{otj}))\tag{4.9}$$

如果指标 i 的数据落入的类别越大，该指标应赋以越大的权重，则取

$$r_j = \begin{cases} j_{\max}(1 + r_{ij\max}(v_i, V_{ij\max})), & r_{ij\max} \geqslant -0.5 \\ j_{\max} \times 0.5, & r_{ij\max} \leqslant -0.5 \end{cases} \quad (4.10)$$

否则，如果指标 i 的数据落入的类别越大，该指标应赋以越小的权重，则

$$r_i = \begin{cases} (m - j_{\max} + 1)(1 + r_{ij\max}(v_i, V_{ij\max})), & r_{ij\max} \geqslant -0.5 \\ (m - j_{\max} + 1) \times 0.5, & r_{ij\max} < -0.5 \end{cases} \quad (4.11)$$

若根据表 4.4.2 所规定的分级标准，从混凝土结构安全的角度考虑，因为指标 i 的数据落入的级别越大，该指标对混凝土结构危害越大，应赋以越大的权重，所以通常用式（4.10）来计算权重。

于是指标 i 的权重为

$$\alpha_i = r_i \Big/ \sum_{i=1}^{n} r_i \quad (4.12)$$

在求得病害 N_i 关于评价类别 t 的关联度 $k_{it}(N_i)$ 后，用下式：

$$k_{ito}(N_i) = \max k_{it}(N_i) \quad (t = 1, 2, \cdots, s) \quad (4.13)$$

可定性地判定病害 N_i 的危害性等级类别为 t_0 类。而 $k_{it}(N_i)$ 的数值大小及相互关系则可定量地反映第 i 条待评病害的危害性大小及其属于 t_0 类别的程度，其具体含义见表 4.5.1。

表 4.5.1 关联函数值的含义

取值范围	$k_{ito}(N_i) \geqslant 1.0$	$0 \leqslant k_{ito}(N_i) \leqslant 1.0$	$-1.0 \leqslant k_{ito}(N_i) \leqslant 0$	$k_{ito}(N_i) < -1.0$
描述	表示对象符合准对象要求的程度，数值越大，开发潜力越大	表示对象符合标准对象要求的程度，数值越大，越接近标准上限	表示对象不符合标准对象要求，但具备转化为标准对象的条件，数值越大，越易转化	表示对象符合标准对象要求，不具备转化为标准对象的条件

令

$$\overline{k_{it}}(N_i) = \frac{k_{it}(N_i) - \min_{t}(k_{it}(N_i))}{\max_{t}(k_{it}(N_i)) - \min_{t}(k_{it}(N_i))} \quad (4.14)$$

$$t^* = \frac{\displaystyle\sum_{t=1}^{s} t \, \overline{k_{it}}(N_i)}{\displaystyle\sum_{t=1}^{s} \overline{k_{it}}(N_i)} \quad (4.15)$$

则称 t^* 为 N_i 的级别变量特征值。例如 $t_0 = 2$，$t^* = 2.8$ 表示 N_i 属于第 2 类并贴近于第 3 类（严格来说应属于 2.8 类），从 t^* 的值可以看出偏向另一类的程度。

病害危害性可拓学评价的流程图如图 4.5.1 所示。

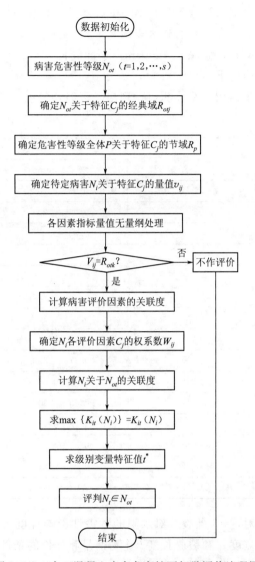

图 4.5.1 水工混凝土病害危害性可拓学评价流程图

4.6 工程实例分析

4.6.1 水闸工程

以江苏省徐州市单集闸工程为例，该水闸主要存在裂缝问题。为此，以裂缝为例对其进行分析。水闸混凝土结构裂缝危害性等级划分如下：

Ⅰ级：缝宽 $\delta<0.2\text{mm}$，缝深 $h\leqslant30\text{cm}$，平面缝 $l<1\text{m}$，结构应力、耐久性和安全基本无影响。

Ⅱ级：缝宽 $0.2\text{mm}\leqslant\delta<0.3\text{mm}$，缝深 $30\text{cm}\leqslant h<100\text{cm}$，平面缝长 $1\text{m}<l<2\text{m}$，裂缝所在部位对结构应力、耐久性和安全运行有一定程度影响。

Ⅲ级：缝宽 0.3mm≤δ<0.5mm，缝深 100cm≤h<500cm，平面缝长 2m<l<3m，对稳定、结构应力、耐久性和安全有较大影响。

Ⅳ级：缝宽 δ>0.5mm，缝深 h>500cm，平面缝长 3m<l<4m，它使稳定、结构应力安全系数降到临界值或以下。

徐州市单集闸混凝土结构安全检测时发现多条裂缝，见表 4.6.1。

表 4.6.1   **裂 缝 特 征 表**

位置	裂缝编号	裂 缝 特 征	
		缝宽 δ/mm	缝长 l/m
1 号孔左闸墩	01 号	0.05~0.20	1.5
	02 号	0.06~0.20	2.0
	03 号	0.03~0.20	1.5
1 号孔右闸墩	04 号	0.05~0.20	1.5
	05 号	0.02~0.20	2.6
	06 号	0.05~0.75	2.0
2 号孔右闸墩	07 号	0.01~0.20	1.5
	08 号	0.01~0.25	1.6
	09 号	0.27~0.35	3.0
	10 号	0.19~0.30	2.0
3 号孔右闸墩	11 号	0.15~0.30	2.1
	12 号	0.08~0.15	1.5
4 号孔右闸墩	13 号	0.11~0.20	1.2
5 号孔右闸墩	14 号	0.05~0.21	2.6
	15 号	0.03~0.30	1.8

基于可拓学理论针对这 15 条裂缝对水闸的危害性影响程度等级进行评价，根据检测资料，选取所得的裂缝宽度 δ 和裂缝长度 l 作为衡量和评价的条件，如图 4.6.1 所示。

将待评物元的量值取为各裂缝的实测资料，用缝宽 δ 和缝长 l 作为评价指标：

$$R=\begin{bmatrix} q & 01号 & 02号 & 03号 & 04号 & 05号 & 06号 & 07号 & 08号 \\ \delta & \langle0.05,0.2\rangle & \langle0.06,0.2\rangle & \langle0.03,0.2\rangle & \langle0.05,0.2\rangle & \langle0.02,0.2\rangle & \langle0.05,0.75\rangle & \langle0.01,0.2\rangle & \langle0.01,0.2\rangle \\ l & 1.5 & 2.0 & 1.5 & 1.5 & 2.6 & 2.0 & 1.5 & 1.6 \end{bmatrix}$$

$$R=\begin{bmatrix} q & 09号 & 10号 & 11号 & 12号 & 13号 & 14号 & 15号 \\ \delta & \langle0.27,0.35\rangle & \langle0.19,0.30\rangle & \langle0.15,0.3\rangle & \langle0.08,0.12\rangle & \langle0.11,0.2\rangle & \langle0.05,0.21\rangle & \langle0.03,0.3\rangle \\ l & 3.0 & 2.0 & 2.1 & 1.5 & 1.2 & 2.6 & 1.8 \end{bmatrix}$$

裂缝危害性划分为四级，其经典域为

$$R_o=\begin{bmatrix} N & Ⅰ级 & Ⅱ级 & Ⅲ级 & Ⅳ级 \\ \delta & \langle0,0.2\rangle & \langle0.2,0.3\rangle & \langle0.3,0.5\rangle & \langle0.5,3.0\rangle \\ l & \langle0,1\rangle & \langle1,2\rangle & \langle2,3\rangle & \langle3,4\rangle \end{bmatrix}$$

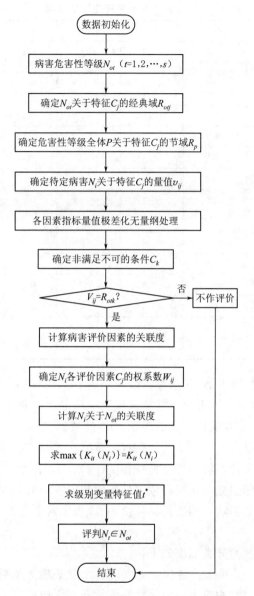

图 4.6.1 水闸病害危害性评价流程图

裂缝危害性等级的节域为

$$R_P = (P, C, V_P) = \begin{bmatrix} P & \delta & \langle 0, 3 \rangle \\ & l & \langle 0, 4 \rangle \end{bmatrix}$$

按式（4.8）～式（4.12），以观测值的最大值来计算权重为

$$W_{2 \times 15} = \begin{bmatrix} 0.26 & 0.25 & 0.28 & 0.30 & 0.40 & 0.65 & 0.42 & 0.42 & 0.41 & 0.55 & 0.52 & 0.50 & 0.44 & 0.35 & 0.30 \\ 0.70 & 0.70 & 0.72 & 0.65 & 0.55 & 0.35 & 0.58 & 0.60 & 0.55 & 0.45 & 0.50 & 0.49 & 0.50 & 0.65 & 0.69 \end{bmatrix}$$

根据前述的可拓评价计算公式，得到的评价结果见表 4.6.2。

表 4.6.2 裂缝危害性等级的可拓评价结果

k_{it}（N_i）	N_1	N_2	N_3	N_4	max	t_0	t^*
01 号	-0.07	0.06	-0.35	-0.67	0.06	1	1.85
02 号	-0.15	0.17	-0.24	-0.58	0.15	2	1.95
03 号	-0.16	0.09	-0.17	-0.57	0.08	2	2.05
04 号	0.60	-0.30	-0.58	-0.78	0.63	1	1.48
05 号	-0.62	-0.40	-0.56	-0.18	-0.17	3	3.50
06 号	-0.38	-0.25	-0.18	-0.19	-0.12	3	3.25
07 号	-0.21	0.18	-0.18	-0.54	0.15	2	2.08
08 号	-0.18	0.17	-0.19	-0.55	0.13	2	2.06
09 号	-0.30	-0.22	0.20	-0.28	0.20	3	2.95
10 号	-0.20	0.03	0.02	-0.45	0.22	2	2.30
11 号	-0.18	0.09	-0.16	-0.58	0.18	2	2.05
12 号	0.65	-0.33	-0.62	-0.78	0.75	1	1.38
13 号	0.68	-0.35	-0.63	-0.74	0.79	1	1.38
14 号	-0.40	-0.08	0.18	-0.45	0.09	2	2.45
15 号	-0.30	-0.16	0.08	-0.45	0.08	2	2.40

表 4.6.2 中 N_1 列数据表示 15 条裂缝按照危害性程度，属于第Ⅰ等级的关联度。同理，N_2、N_3、N_4 列数据分别表示裂缝危害程度对应Ⅱ级、Ⅲ级、Ⅳ级的关联度。t_0 列数据表示 15 条裂缝最大关联度所对应的级别。t^* 列数据表示各裂缝危害性等级的变量特征值。从表 4.6.2 中可以看出，对于 2 号孔右闸墩的 07 号裂缝，最大关联度 $t_0=2$，故危害程度等级属Ⅱ级；危害性等级的变量特征值 $t^*=2.05$，故危害性程度在第Ⅱ、第Ⅲ等级之间且贴近于Ⅱ级，即裂缝对水闸的危害性影响程度为一般，即裂缝对水闸闸墩结构应力、耐久性有一定程度的影响，用变量特征值 2.05 表示对危害性等级的贴近程度。

4.6.2 混凝土坝工程

某混凝土重力坝裂缝的分类标准如下：

Ⅰ级：一般缝宽 $\delta < 0.2$mm，缝深 $h \leqslant 30$cm，形状表现为龟裂或呈细微规则性。多由于干缩、沉降所产生，对结构应力、耐久性和安全基本无影响。

Ⅱ级：表面（浅层）裂缝，一般缝宽 0.2mm $\leqslant \delta < 0.3$mm，缝深 30cm $\leqslant h < 100$cm，平面缝长 3m $< l < 5$m，呈规则状，多由于气温骤降期温度冲击且保温不善等形成。视裂缝所在部位对结构应力、耐久性和安全运行有一定程度影响。

Ⅲ级：表面深层裂缝，缝宽 0.3mm $\leqslant \delta < 0.5$mm，缝深 100cm $\leqslant h < 500$cm，平面缝长 $l > 5$m，或平面达到或超过 $1/3$ 坝块宽度，侧面大于 $1 \sim 2$ 个浇筑层厚度，呈规则状，多由于内外温差过大或较大的气温骤降冲击且保温不善等形成。对结构应力、稳定、耐久性和安全有较大影响。

Ⅳ级：缝宽 $\delta > 0.5$mm，缝深 $h > 500$cm，侧（立）面长度 $l > 5$m，若从基础向上开裂，且平面上贯穿全仓，则称为基础贯穿裂缝，否则称为贯穿裂缝。这种裂缝主要由于基础温差超过设计标准，或在基础约束下受较大气温骤降冲击产生且在后期降温过程中继续发展等原因而形成，它使结构应力、耐久性和稳定安全系数降到临界值或以下。

对于已发现的位于上游迎水面左非 18 坝段—左厂 10 坝段的 16 条裂缝，根据裂缝产状以及 TGPS 质量标准汇编中的裂缝分类评判标准进行危害性等级评价。已发现 16 条裂缝的产状、分类见表 4.6.3。

表 4.6.3　　　　　　　　　　裂缝产状、分类表

坝段	裂缝编号	裂缝产状		
		缝宽 δ/mm	缝长 l/m	缝深 h/m
1-1甲	1-01 号	0.01～0.2	3.3	不做检查
	1-02 号	0.01～0.2	4.2	不做检查
	1-03 号	0.01～0.2	4.6	不做检查
	1-04 号	0.01～0.2	1.4	不做检查
	1-05 号	0.01～0.25	14	＞3
2-1甲	2-01 号	0.01～0.75	4.6	不做检查
4-1甲	4-01 号	0.01～0.29	3.8	不做检查
	4-02 号	0.01～0.29	3.7	不做检查
7-1甲	7-01 号	0.27～0.33	8	未做检查
8-1甲	8-01 号	0.19～0.37	4	未做检查
9-1甲	9-F1	0.22	4.7	不做检查
	9-F2	0.06～0.12	2	不做检查
	9-F3	0.08～0.12	1.6	不做检查
	9-F4	0.11～0.29	6.1	未做检查
10-1甲	10-F1	0.1～0.21	6.8	未做检查
	10-F2	0.01～0.31	4.6	未做检查

现利用自编的 Matlab 程序，基于可拓学理论对这 16 条裂缝对坝体的危害性影响程度等级进行评价，根据所得的监测资料，选取所得的裂缝宽度 δ 和裂缝长度 l 作为衡量和评价的条件。

本书将待评物元的量值取为各裂缝的实测资料，用缝宽 δ 和缝长 l 作为评价指标：

$$R=\begin{bmatrix} q & 1-01号 & 1-02号 & 1-03号 & 1-04号 & 1-05号 & 2-01号 & 4-01号 & 4-02号 \\ \delta & \langle0.01,0.2\rangle & \langle0.01,0.2\rangle & \langle0.01,0.2\rangle & \langle0.01,0.2\rangle & \langle0.01,0.25\rangle & \langle0.01,0.75\rangle & \langle0.01,0.29\rangle & \langle0.01,0.29\rangle \\ l & 3.3 & 4.2 & 4.6 & 1.4 & 14 & 4.6 & 3.8 & 3.7 \end{bmatrix}$$

$$R=\begin{bmatrix} q & 7-01号 & 8-01号 & 9-F_2 & 9-F_3 & 9-F_3 & 9-F_4 & 10-F_1 & 10-F_2 \\ \delta & \langle0.27,0.33\rangle & \langle0.19,0.37\rangle & 0.22 & \langle0.06,0.12\rangle & \langle0.08,0.12\rangle & \langle0.11,0.29\rangle & \langle0.1,0.21\rangle & \langle0.01,0.31\rangle \\ l & 8.0 & 4.0 & 4.7 & 2.0 & 1.6 & 6.1 & 6.8 & 4.6 \end{bmatrix}$$

裂缝危害性划分为四级，其经典域为

$$R_0 = \begin{bmatrix} N & \text{I 级} & \text{II 级} & \text{III 级} & \text{IV 级} \\ \delta & \langle 0,0.2\rangle & \langle 0.2,0.3\rangle & \langle 0.3,0.5\rangle & \langle 0.5,3.0\rangle \\ l & \langle 0,3\rangle & \langle 3,5\rangle & \langle 5,10\rangle & \langle 10,15\rangle \end{bmatrix}$$

裂缝危害性等级的节域为

$$R_P = (P, C, V_P) = \begin{bmatrix} P & \delta & \langle 0,3\rangle \\ & l & \langle 0,15\rangle \end{bmatrix}$$

按式（4.8）～式（4.12），以观测值的最大值来计算权重为

$$W_{2\times16} = \begin{bmatrix} 0.28 & 0.22 & 0.26 & 0.34 & 0.42 & 0.63 & 0.4 & 0.41 & 0.42 & 0.56 & 0.52 & 0.52 & 0.45 & 0.36 & 0.32 & 0.54 \\ 0.72 & 0.78 & 0.74 & 0.66 & 0.58 & 0.37 & 0.6 & 0.59 & 0.58 & 0.44 & 0.48 & 0.48 & 0.55 & 0.64 & 0.68 & 0.46 \end{bmatrix}$$

按评价方法第 4.5 节中的计算公式计算，其评价结果见表 4.6.4。

表 4.6.4 　　　　　　　　　　　　**裂缝危害性等级的可拓评价结果**

$k_{it}(N_i)$	N_1	N_2	N_3	N_4	max	t_0	t^*
1-01 号	−0.06	0.05	−0.34	−0.65	0.05	2	1.83
1-02 号	−0.17	0.16	−0.20	−0.58	0.16	2	1.98
1-03 号	−0.19	0.07	−0.15	−0.56	0.07	2	2.03
1-04 号	0.62	−0.35	−0.59	−0.77	0.62	1	1.40
1-05 号	−0.60	−0.44	−0.54	−0.16	−0.16	4	3.42
2-01 号	−0.36	−0.20	−0.19	−0.11	−0.11	4	3.15
4-01 号	−0.20	0.14	−0.16	−0.54	0.14	2	2.03
4-02 号	−0.19	0.12	−0.17	−0.54	0.12	2	2.02
7-01 号	−0.36	−0.21	0.19	−0.27	0.19	3	2.92
8-01 号	−0.26	0.02	0.01	−0.41	0.02	2	2.28
9-F1	−0.17	0.08	−0.17	−0.55	0.08	2	2.00
9-F2	0.74	−0.37	−0.60	−0.78	0.74	1	1.37
9-F3	0.78	−0.39	−0.61	−0.79	0.78	1	1.35
9-F4	−0.30	−0.08	0.08	−0.40	0.08	3	2.43
10-F1	−0.26	−0.13	0.07	−0.40	0.07	3	2.37
10-F2	−0.26	0.03	−0.02	−0.45	0.03	2	2.21

表 4.6.4 中 N_1 列数据表示 16 条裂缝按照危害性程度，属于第 I 等级的关联度。同理，N_2、N_3、N_4 列数据分别表示裂缝危害程度对应 II 级、III 级、IV 级的关联度。t_0 列数据表示 16 条裂缝最大关联度所对应的级别。t^* 列数据表示各裂缝危害性等级的变量特征值。从表 4.6.4 中可以看出，对于坝段 1-1 甲的 01 号裂缝，最大关联度 $t_0=2$，故危害程度等级属 II 级；危害性等级的变量特征值 $t^*=1.83$，故危害性程度在第 I、第 II 等级之间且偏向于 II 级，即裂缝对大坝的危害性影响程度为一般，即裂缝对结构应力、耐久性和安全运行有一定程度的影响，用变量特征值 1.83 表示该程度。

5

水工混凝土病害加固修复技术

　　水工混凝土病害修复应采用治标与治本相结合、维修与保护相结合的原则。通过现场普查、专项检测和复核计算对建筑物进行全面了解、对病害进行诊断，制定修补方案，选择合适的材料，组织专业化队伍进行施工。对建筑物病害的诊断是一切加固修复工程的基点，只有对病害的表现形式、严重程度、形成原因作出科学、正确的判断，才能确保加固修复工程的顺利进行。

　　对任何一种病害，业主往往有多种选择，这些选择对制定加固修复方案有着很大的影响。这些选择包括以下内容：

　　(1) 暂不采取任何措施，任其发展；

　　(2) 降低对建筑物的使用要求，即降低标准使用；

　　(3) 采取尽可能简单的方法阻止或减缓病害的进一步发展；

　　(4) 彻底加固修复，恢复或增强原有建筑的功能。

5.1　水工混凝土裂缝加固修复技术

5.1.1　混凝土裂缝的类型及成因分析

　　裂缝是水工混凝土建筑物最普遍、最常见的病害之一，不发生裂缝的混凝土建筑物是极少的。而且混凝土裂缝往往是多种因素联合作用的结果。裂缝对水工混凝土建筑物的危害程度不一，严重的裂缝不仅危害建筑物的整体性和稳定性，而且还会产生大量的漏水，使水工建筑物的安全运行受到严重威胁。另外，裂缝还会引起其他病害的发生与发展，如渗漏溶蚀、环境水侵蚀、冻融破坏及钢筋锈蚀等。这些病害与裂缝形成恶性循环，会对水工混凝土建筑物的耐久性产生很大危害。

　　混凝土是多种材料复合的脆性材料，当混凝土拉应力大于其抗拉强度，或混凝土拉伸变形大于其极限拉伸变形时，混凝土就会产生裂缝。裂缝按深度不同，可分为表层裂缝、深层裂缝和贯穿裂缝；按裂缝开度变化可分为死缝（其宽度和长度不再变化）、活缝（其宽度随外界环境条件和荷载条件变化而变化，长度不变或变化不大）和增长缝（其宽度或长度随时间而增长）；按产生原因分，裂缝可分为温度裂缝、干缩裂缝、钢筋锈蚀裂缝、超载裂缝、碱骨料反应裂缝、地基不均匀沉陷缝等。

（1）温度裂缝。大体积混凝土浇筑后，由于水泥水化热使内部混凝土温度升高，当水化热温升到达高峰后，由于环境温度较低，因此混凝土温度开始下降，温降过程中混凝土发生收缩，在约束条件下，当温降收缩变形大于混凝土极限拉伸变形时，混凝土容易发生裂缝，这种裂缝通常称为温度裂缝。还有一种温度裂缝是由于混凝土内外温差引起的，例如混凝土遭受寒潮侵袭或夏天混凝土经阳光曝晒后突然下雨，都会使混凝土内部与表层产生很大温差，混凝土表层温度下降，而内部温度基本不降，这样内部混凝土对表层混凝土起约束作用，同样会导致温度裂缝。

为了减少温度裂缝，一般选用中热水泥或具有微膨胀性的中热水泥（自生体积变形为膨胀变形，如水泥中 MgO 含量较高，但不大于 5%）和热膨胀系数小的骨料。同时在施工中还应严格采取温控措施，尽量避免裂缝发生。

（2）干缩裂缝。置于未饱和空气中的混凝土因水分丧失而引起的体积缩小变形，称为干燥收缩变形，简称干缩。干缩仅是混凝土收缩的一种，除干燥收缩外，混凝土还有自生收缩（自缩）、温度收缩（冷缩）、碳化收缩等。大体积混凝土内部不存在干缩问题，单其表面干缩是一个不能忽视的问题，因为干缩扩散速度小，混凝土表面已干缩，而其内部不缩，这样内部混凝土对表面混凝土干缩起约束作用，使混凝土表面产生干缩应力，当混凝土干缩应力大于混凝土抗拉强度时，混凝土就会产生裂缝，这种裂缝称为干缩裂缝。实际上，水工混凝土建筑物产生干缩裂缝，也包含有混凝土自生体积收缩和碳化收缩作用的结果。

（3）钢筋锈蚀裂缝。混凝土中钢筋发生锈蚀后，其锈蚀产物（氢氧化铁）的体积将比原来增大 2～4 倍，从而对周围混凝土产生膨胀应力。当该膨胀应力大于混凝土抗拉强度时，混凝土就会产生裂缝，这种裂缝称为钢筋锈蚀裂缝。钢筋锈蚀裂缝一般都为沿钢筋长度方向发展的顺筋裂缝。

（4）碱骨料反应裂缝。碱骨料反应主要有碱—硅酸盐反应，它们都是水泥中的碱（Na_2O、K_2O）和骨料中的某些活性物质如活性 SiO_2、微晶白云石（碳酸盐），以及变形石英等发生反应而生成吸水性较强的凝胶物质。当反应物增加到一定数量，且有充足水时，就会在混凝土中产生较大的膨胀作用，导致混凝土产生裂缝，这种裂缝称为碱骨料反应裂缝。碱骨料反应裂缝不同于最常见的混凝土干缩裂缝和荷载引起的超载裂缝，这种裂缝的形貌及分布与钢筋限制有关，当限制力很小时，常出现地图状裂缝，并在裂缝中伴有白色浸出物；当限制力强时则出现顺筋裂缝。

（5）超载和变形裂缝。当建筑物遭受超载作用时，其结构构件产生的裂缝称超载裂缝。

此外，常见的混凝土裂缝还有地基不均匀沉陷裂缝、地基冻胀裂缝等。

5.1.2 混凝土裂缝修补方法

裂缝修补除以恢复结构抗渗性和耐久性为主要目的外，也可从结构安全及美观角度出发而进行修补。在满足修补目的前提下，还必须考虑经济性、明确修补范围及修补规模等。水工混凝土裂缝的修补方法很多，归纳起来主要有以下几种。

5.1.2.1 表面处理法

表面处理法是在微细裂缝（一般宽度小于0.2mm）的表面上涂膜，修补混凝土微细裂缝，以恢复结构抗渗性、提高耐久性和表面美观，包括表面涂抹法、表面粘贴法。

（1）表面涂抹法。是一种最简单和最普遍的裂缝修补方法，可用来修补对混凝土结构影响不大的静止裂缝。修补的主要目的是防止水渗漏及防止水汽、化学物质和二氧化碳的侵入。涂抹材料要求具有密封性、水密性和耐久性，其变形性能应与被修补的混凝土变形性能相近。常用的传统材料有如水泥砂浆、硅粉砂浆等，近年来水泥基渗透结晶型、聚合物水泥砂浆等新型材料得到了推广应用。

水泥基渗透结晶防水材料（简称CCCW）是由水泥、硅砂和多种特殊的活性化学物质组成的灰色粉末状无机材料。这种材料的作用机理是特有的活性化学物质利用水泥混凝土本身固有的化学特性和多孔性，以水为载体，借助于渗透作用，在混凝土微孔及毛细管中传输，再次发生水化作用，形成不溶性的结晶并与混凝土结合成为整体，从而使混凝土致密，达到永久性防水、防潮和保护钢筋、增强混凝土结构强度的效果。

聚合物水泥砂浆类修补材料是通过向水泥砂浆掺加聚合物乳胶改性而制成的一类复合材料，它保持了水泥水化物的优点，用聚合物的优点弥补了水泥的某些不足。因此，聚合物水泥类材料具有较高的抗压强度、抗拉伸、抗冲击、抗穿刺及耐磨性，具有优良的抗渗性、抗腐蚀及抗老化性。常用的有丙烯酸砂浆、环氧树脂砂浆等。

（2）表面粘贴法。表面粘贴法适用于大面积漏水的防渗堵漏部位，采用不透水材料粘贴在裂缝部位的混凝土面上，达到密封裂缝、防渗堵漏的目的，如图5.1.1所示。该法常用的材料有橡皮、玻璃丝、紫铜片、塑料带、高分子土工布等。

图5.1.1 表面粘贴法示意图

5.1.2.2 开槽填补法

开槽填补法适用于修补对水工结构整体有影响、水平面上较宽的裂缝或活缝，也可以用于修补因钢筋锈蚀引起的顺筋裂缝。此法作业简单，费用低。修补时，先沿裂缝凿1条"U"型或"V"型深槽，如图5.1.2所示，冲洗干净后涂抹1层界面黏结剂或低黏度基

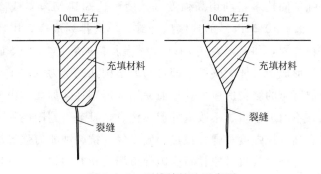

图5.1.2 开槽填补法示意图

液，然后在槽内充填沥青密封膏、聚氨酯封膏、聚硫密封膏、水溶性丙烯酸密封膏等各种密封材料。

5.1.2.3　灌浆法

灌浆是混凝土裂缝内部补强效果最好、应用范围最广的一种方法，主要用于深层及贯穿裂缝的修补。裂缝灌浆有水泥灌浆和化学灌浆两种，修补时应按裂缝的性质、开度及其施工条件等情况选定。大体积混凝土裂缝或较宽的裂缝（开度大于 0.3mm），宜采用水泥灌浆；一般混凝土结构裂缝或较细裂缝（开度小于 0.3mm），一般可采用化学灌浆。此外，渗漏比较严重的裂缝及伸缩缝可采用化学灌浆。化学灌浆常用的灌浆材料是环氧树脂、水溶性聚氨酯、甲基丙烯酸酯、聚酯树脂、丙烯酰胺等。

利用环氧树脂和聚氨酯在一定条件下制备出可以形成同步互穿聚合物网络结构的新型化学灌浆材料（PU/EP-IPN）。该化灌材料综合了环氧树脂浆材和聚氨酯浆材的性能优点，浆材黏度低、凝结时间可调、强度高、变形性和可灌性都很。水下混凝土灌浆试块的黏结抗拉强度能达 1.05MPa，是一种性能优良、适用性强、适合水下灌浆的多功能新型灌浆材料。

灌浆修补工艺为：钻孔──→清洗孔壁──→嵌缝止浆──→压水（压气）检查──→配制浆液──→灌浆──→冲洗管路──→封孔。灌浆方法有双液法和单液法两种，对较宽裂缝，需用较短凝结时间的浆液，宜用双液法；对细微裂缝，需用较长凝结时间的浆液，宜用单液法灌注。垂直裂缝灌浆一般从下往上灌注，水平裂缝可从一端向另一端或中间向两边灌注，以便排除裂缝中空气和水分。灌浆时间宜选在年最低气温季节。

5.1.2.4　结构补强法

如裂缝造成水工建筑物的承载力下降，结构安全不满足要求，则需对结构进行补强加固。补强加固常用的技术有粘贴钢板法、粘贴碳纤维法及预应力法。

粘贴钢板补强是在混凝土表面粘贴钢板，粘贴钢板能与混凝土结构表面牢固粘结为一体，共同作用，钢板如同内部钢筋一样，可提高其承载力。粘贴钢板部位的混凝土受到约束，能控制已有裂缝的扩展。粘贴钢板补强法施工工艺为：构件表面处理──→钻孔──→种植膨胀螺杆──→粘贴钢板──→锚固膨胀螺栓──→检查粘贴质量──→防腐处理。粘贴钢板法如图 5.1.3 所示。

粘贴碳纤维补强加固技术是利用高强度（强度可达 3500MPa）或高弹性模量（弹性模量 $2.35×10^5\sim4.30×10^5$ MPa）的连续碳纤维，单向排列成束，用环氧树脂浸渍形成碳纤维增强复合材料片材，将片材用专用环氧树脂胶粘贴在结构外表面受拉或有裂缝部位，固化后与原结构形成一整体，碳纤维即可与原结构共同受力。由于碳纤维分担了部分荷载，降低了钢筋混凝土的结构的应力，从而使结构得到补强加固。由于耐久性好、施工简便、不增大截面、不增加重量、不改变外形等优点，日渐受到国内外工程界重视。

碳纤维由于具有高抗拉强度和弹性模量、质量轻，抗腐蚀能力强等优点被广泛用于各种结构的修复，但其价格比较贵且原材料受国外市场波动影响较大。近年来，新兴的玄武岩纤维可以很好地弥补现有碳纤维存在的不足，具有力学性能好、耐腐蚀性、修复构件的

图 5.1.3 粘贴钢板法示意图

自重及体积增量小、施工方便及价格便宜等诸多优点。

5.1.2.5 水下修补材料及水下修补技术

近年来，水下修补材料及水下修补技术发展迅速，如 GBW 遇水膨胀止水条、水下快凝堵漏材料、PU/EP、IPN 水下灌浆材料、水下伸缩缝弹性灌浆材料、水下弹性快速封堵材料等。这些材料大多采用先进的高分子互穿网络技术，根据水下修补施工的特点，材料的固化时间可调。水下修补施工已不再主要依靠潜水员体力劳动，一些大坝水下工程公司，具有液压泵、液压潜孔钻、液压梯形开槽机、液压打磨机等一系列先进施工设备，已形成水下裂缝及伸缩缝修补的成套技术。

水工混凝土建筑物裂缝的修补方法很多，除了本书所述的几种常用方法外，还有混凝土置换法、电化学防护法、仿生自愈合法等修补方法。在工程实践中，要根据工程具体情况选用合适的混凝土裂缝修补方法。

5.1.3 混凝土结构裂缝修补新材料——玄武岩纤维

5.1.3.1 混凝土结构修复方法研究现状

建筑物在长期使用过程中，在内部的或外部的、人为的或自然的因素作用下，钢筋混凝土结构随着时间将发生材料老化、结构损伤。正确合理地分析钢筋混凝土结构的力学性能并进行修复，对其进行力学性能与修复方法的研究将是一项具有实用价值的工作。研究发现国内外对与钢筋混凝土结构修复的试验研究比较多，并提出了几种修复常用的修复方法，常用方法主要有以下几种：加大截面修复法、黏钢修复、外包钢修复法、预应力加固。

上述修复方法在修复结构构件时，都存在一定的缺点，其原因主要有：加大截面修复法虽然直观并且实用，但一方面增加了结构自重，减小了建筑的有效使用面积；另一方面不必要地增加结构的刚度，导致地震反应的加剧，并且相应增加了地基基础的负担。黏钢修复法和外包钢修复法一方面施工工艺复杂，施工周期长，施工质量难以保证；另一方面，耐久性差，并且应用该方法修复剪力墙时，对墙体的约束较差。预应力加固法不宜用于收缩徐变大的结构。

5.1.3.2 玄武岩纤维的特性

鉴于以上修复方法的缺点，有学者提出用纤维增强复合材料（Fiber reinforced plastic，FRP）修复钢筋混凝土结构，这项技术是近年来国内外广泛采用的一项结构修复新技术。纤维增强复合材料（FRP）在土木工程中应用也越来越广泛，目前在工程中应用比较多的纤维材料主要包括：碳纤维（CFRP）、玻璃纤维（GFRP）、芳纶纤维（AFRP）。CFRP由于具有高抗拉强度和弹性模量、质量轻，抗腐蚀能力强等优点被广泛用于各种结构的修复，但其价格比较贵且原材料受国外市场波动影响较大。GFRP和AFRP价格相对便宜，但抗拉强度和弹性模量较低，特别是耐久性能不够理想，一定程度上约束了其应用。近年来，新兴的玄武岩纤维（BFRP）可以很好地弥补现有纤维存在的不足。

连续玄武岩纤维，是一种无机纤维材料，是以火山爆发形成的一种玻璃态的玄武岩矿石为原料经粉碎、高温熔融后，通过喷丝板拉伸而成的纤维，其外观为深棕色，色泽与碳纤维十分相似。玄武岩矿石本身就是一种玻璃态矿石，完全可以用这种单一的玄武岩矿石熔融后拉丝而成纤维，成纤后其他化学组分不变。玄武岩纤维与其他纤维各性能指标比较见表5.1.1。

表 5.1.1 纤维布技术指标对比表

纤维类型	抗拉强度 /MPa	弹性模量 /GPa	最大伸长率 /%	纤维密度 /(g/cm³)	使用温度范围 /℃
玄武岩纤维	3000~4800	80~110	3.3	2.65	-200~650
玻璃纤维	3100~4650	73~86	5.2	2.49	-60~350
碳纤维	3500~6000	230~600	2.2	1.74	500
芳纶纤维	2900~3400	70~140	3.6	1.47	250

玄武岩纤维、碳纤维、玻璃纤维分别在100℃、200℃、400℃、600℃、1200℃下加热2h后冷却进行强度测试，发现三种纤维加热超过200℃后强度均会出现下降，碳纤维和玻璃纤维强度下降十分明显，而玄武岩纤维加热到600℃后强度保持率还在90%以上。玄武岩纤维在100~250℃下，抗拉强度可提高30%，而玻璃纤维下降23%；玄武岩纤维在70℃的热水作用下，强度可保持1200h，一般玻璃纤维不到200h便会失去强度。

综上所述，关于玄武岩纤维可得以下结论：

（1）力学性能好。由于BFRP材料的力学性能优异，在对混凝土结构进行修复的过程中可以充分利用其强度高、综合延性好的特点来提高多龄期结构和构件的承载力及变形能力，改善抗震性能，达到修复的目的，对抗震修复具有非常重要的意义。

（2）耐腐蚀性、耐久性及耐高温性能好。BFRP材料的化学性质稳定，不与酸碱盐等化学物质反应，因此用BFRP材料修复后的钢筋混凝土结构和构件具有良好的耐腐蚀性、耐久性；研究表明其耐高温性能较好，因而BFRP材料也可以用于耐高温修复的工程中。

（3）修复构件的自重及体积增量小。BFRP 重量轻且厚度薄，粘贴后重量不到 $1.0 kg/m^2$（包括树脂重量），粘贴一层厚度仅 1.0mm 左右，修复后，基本不增加结构自重和构件尺寸。

（4）施工方便，施工质量容易保证。玄武岩纤维布修复施工中，不需要大型的施工机械，占用施工场地少，而且没有湿作业，因而工作效率很高。同时由于玄武岩纤维布可以紧密的粘贴在结构表面基本保证 100% 的粘贴效率，而且即使粘贴后发现表面局部有气泡也很容易处理，只要用树脂注射器将树脂注到进气泡中即可。

（5）价格便宜，经济效益好。玄武岩纤维及制品的生产原料来源广且数量不受限制。在我国可开采的玄武岩矿场数量就有很多，使得在工程实际应用中大面积推广使用玄武岩纤维布成为可能，玄武岩纤维的价格只要十几元/m^2，是碳纤维价格的 1/20～1/10。

由此可见，作为一种新型的修复材料，玄武纤维布材料修复修补混凝土结构的优势是非常明显的，现在国内已有越来越多的高校和科研机构开始重视这一新兴修复技术的研究和应用，并投入了大量的资金和人才来不断发展改善这一技术，是一项值得推荐的新型环保材料。

5.1.3.3 国内外玄武岩纤维的研究进展

玄武岩纤维作为一种新型绿色环保材料出现于 20 世纪 60 年代。苏联莫斯科玻璃和塑料研究院于 1953—1954 年开发出玄武岩纤维。20 世纪 60—70 年代，全苏玻璃钢与玻璃纤维乌克兰分院根据苏联国防部的指令，开始研制玄武岩纤维材料。乌克兰建筑材料工业部设立了专门的"别列切"绝热隔音材料科研生产联合体，主要研制玄武岩纤维及其制品制备工艺的生产线。联合体的科研实验室于 1972 年开始研制玄武岩纤维，曾研制出 20 多种玄武岩纤维制品的生产工艺；1985 年玄武岩纤维研制成功并实现了工业化生产。由此可见，玄武岩纤维从开发出到投入生产有 30 多年的历史。近几年来，美国、日本、德国等一些科技发达国家都加强了对玄武岩纤维的研究开发，并取得了一系列新的应用研究成果。

我国开展玄武岩纤维的研究较晚。20 世纪 90 年代中期，南京玻璃纤维研究设计院最早在中国开始玄武岩纤维的研究，专注于适合充当隔热材料的超细玄武岩纤维，主要用于军工用途，但目前仍然停留在实验室阶段。2002 年 11 月我国将"玄武岩纤维及其复合材料"批准列为国家"863"计划；2003 年该"863"计划成果与浙江民营企业对接成立了横店集团上海俄金玄武岩纤维有限公司。该公司经过一年多的研究试验，已掌握了玄武岩纤维生产工艺技术。2004 年开始在上海实现产业化，部分技术达到国际先进水平和领先水平。目前，国内许多厂家相继立项生产玄武岩纤维主要产品为耐碱玄武岩原丝、纺织纱、短切纤维薄毡、无捻粗纱网布、FRP 筋等。

5.1.3.4 玄武岩纤维材料力学性能

1. 玄武岩纤维布及黏结剂

本书的玄武岩纤维布采用浙江石金玄武岩纤维公司生产的高性能单向玄武岩纤维布，黏合剂选用南京天力信科技实业有限公司生产的 TLS-503 纤维粘贴浸渍胶。试验所得的玄武岩纤维布的技术指标见表 5.1.2。

表 5.1.2 玄武岩纤维布的技术指标

序　号	检　测　项　目	检测结果	单项评定
1	抗拉强度/MPa	2303	合格
2	弹性模量/MPa	1.05×10^5	合格
3	伸长率/%	2.18	合格

试件修复过程所用的底胶和黏合剂，经国家化学建筑材料测试中心（建工测试部）检测，胶体性能和黏结性能检测结果见表 5.1.3。

表 5.1.3 胶体性能和黏结性能检测结果

序　号	项　目　名　称		检测结果		检测结果	单项评定
			A 级	B 级		
1	胶体性能	抗拉强度/MPa	≥40	≥30	45.79	A 级
		弹性模量/MPa	≥2.5×10^3	≥1.5×10^3	2.6×10^3	A 级
		伸长率/%	≥1.5		3.47	A 级
2	黏结能力	与混凝土的正拉黏结强度/MPa	≥2.5（C30 混凝土破坏）		5.87	A 级

2. 玄武岩纤维修复钢筋混凝土结构施工

（1）玄武岩纤维织物修复钢筋混凝土结构时，其施工应按表 5.1.4 的程序从左到右进行操作。

表 5.1.4 钢筋混凝土结构修复施工工序

工　序　一	工　序　二	工　序　三	工　序　四	工　序　五
施工准备	粘贴部位的混凝土表面处理	修补并找平或抹曲面	刷胶、按照设计图纸粘贴玄武岩纤维材料	表面抹胶防护

（2）施工前应对粘贴部位混凝土所处环境温度及湿度进行测量。若混凝土所处环境温度<5℃或湿度过大时，则应采取措施，在达到要求后方可施工。施工前应该按设计图纸，在修复部位放线定位。

（3）应清除被修复构件表面疏松部分，至露出混凝土结构层。若有裂缝，应先行修补。然后，用修补材料将表层修复平整。粘贴部位的混凝土，若其表面坚实，也应除去浮浆层和油污等杂质，并打磨平整，直至露出骨料新面，且平整度应达到 5mm/m；构件转角粘贴处要打磨成圆弧状，圆弧半径应不小于 20mm。表面打磨后，应用强力吹风器将表面粉尘彻底清除。

（4）经清理、打磨后的混凝土表面，若有凹陷出，应使用修补胶找平；有段差或转角的部位，应抹成平滑的曲面。

（5）黏结剂的配制应按黏结剂配比和工艺要求进行，且应有专人负责。调胶使用的工具应为低速搅拌器，搅拌应均匀，无气泡产生，并应防止灰尘等杂质混入。

（6）粘贴玄武岩纤维织物时，应按下列步骤和要求进行：

1）按设计要求的尺寸裁剪玄武岩纤维布。

2）将配制好的黏结剂均匀涂抹于需要粘贴部位的混凝土面上。

3）将裁剪好的玄武岩纤维织物敷在涂好黏结剂的基层上。

4）用特制的滚筒沿纤维方向在已贴好玄武岩纤维织物的面上多次滚压，使黏结剂充分浸透玄武岩纤维中，且使其平整，无气泡。

5）当第一层粘贴完毕时，逐层重复上述步骤，但应在玄武岩纤维织物表面手指触干燥后立即进行下一层粘贴。如超过 60min，则应等 12h 后，在行涂刷黏结剂粘贴下一层，粘贴完毕后在最外层纤维布上涂胶并防护。

详见图 5.1.4～图 5.1.10。

（7）施工质量控制

表 5.1.5　　　　　　　　　施 工 质 量 控 制 表

序　号	检验项目	合格标准	检验方法	频　数
1	玄武岩纤维片粘贴位置	与设计要求位置相比，中心线偏差≤10mm	钢尺测量	全部
2	玄武岩纤维粘贴量	≥设计数量	根据测量计算	全部
3	粘贴质量	1. 单个空鼓面积<1000mm²，充胶修复；≥1000mm² 割除修补；2. 空鼓总面积占总粘贴面积<5%	锤击法或其他有效方法	全部或抽样
4	黏结剂层厚度	布：<2mm	用上述试件，用钢尺测量	每构件3处

（a）

（b）

图 5.1.4　钢筋混凝土柱锈蚀裂缝

（a）   （b）

图 5.1.5　未处理的锈蚀试件

（a）   （b）

图 5.1.6　打磨基层混凝土

（a）   （b）

图 5.1.7　抹胶、贴布

图 5.1.8　纵向粘贴纤维布

图 5.1.9　环向粘贴纤维布

（a）

（b）

图 5.1.10　修复后试件

黏结质量不符合要求须割除修补时，应沿空鼓边沿，将空鼓部分的玄武岩纤维割除，以每边向外缘扩展 100mm 大小同样玄武岩纤维材料，用黏结剂补贴在原处。

5.1.3.5　结论

玄武岩纤维具有较高的抗拉强度、低廉的价格、较好的耐腐蚀及耐高温性能。另外，国内玄武岩矿产丰富，其发展也具有很好的政策优势。目前，对于抗震加固、承载力提高较少和需要耐高温、耐腐蚀的加固工程，可以采用玄武岩纤维。随着玄武岩纤维制作工艺日趋成熟以及力学性能的提高，其在结构加固领域的应用前景会更加广阔。

在纤维加固混凝土构件领域，采用力学性能和耐久性良好、成本低的纤维是今后纤维混凝土应用发展趋势。近年来我国的许多行业和部门都大量使用各种规格型号的纤维和制品，为玄武岩纤维提供了巨大的市场，随着研究和应用开展，其显示出的优越性，对促进国民经济建设将发挥重大作用。玄武岩纤维技术的开发及应用，开辟了国内纤维材料的新领域，玄武岩纤维的优越性能，合理的价格使其必将成为国内市场上备受青睐的新型产品，其前景极为广阔，必将成为 21 世纪结构加固行业的新型材料，在水工混凝土加固修复领域也可大力加以推广应用。

5.1.4 工程实例（一）

5.1.4.1 工程概况

某挡潮闸工程，具有挡潮、减淤、蓄水、排水等功能其设计流量为 5400m³/s。闸室每孔净宽 15m，共 28 孔。闸室为钢筋混凝土开敞式结构，二孔一联整体式底板。闸室采用沉井基础，沉井的平面尺寸 18.1m×34.0m，高度 7.7m，闸室底板直接以沉井顶部预留钢筋锚固连接在沉井之上，底板垂直水流向长 35.1m，顺水流向长 18.5m，共 14 块，每块混凝土方量为 733m³；闸室底板厚 1.1m。底板混凝土设计指标为：混凝土强度等级 C30，抗冻等级 F100，抗渗等级 W8。混凝土配合比为 42.5 普通硅酸盐水泥：矿渣粉：砂：中石：小石 = 1：1.4：4.813：4.463：1.913，水泥用量为 160kg/m³，矿渣粉用量为 224kg/m³，HLC 低碱泵送剂用量为 4.8kg/m³、二水石膏用量为 16kg/m³，用水量为 70kg/m³，胶凝材料用量为 400kg/m³，坍落度为 120～160mm，水胶比 0.425。

该工程 6 块底板施工过程中产生裂缝，经检测，共发现 25 条裂缝，裂缝走向基本呈顺水流向和垂直水流向，裂缝位置基本位于沉井隔墩上。裂缝深度用钻机骑缝钻芯，共钻 6 个芯样，其中 2 个芯样长度约 90cm、4 个芯样长度 40cm 左右，6 个芯样沿长度方向均有裂缝，表面缝宽 0.18～0.30mm，所钻芯样下部缝宽较表面略有增加。典型底板裂缝示意图如图 5.1.11 所示，典型裂缝照片如图 5.1.12 所示。

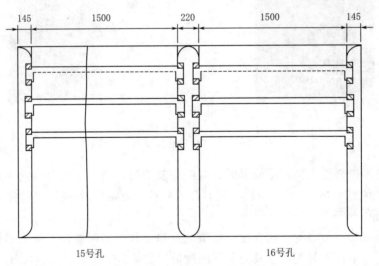

15号孔   16号孔

图 5.1.11 典型底板裂缝示意图

5.1.4.2 裂缝原因分析

经分析，该闸室底板混凝土裂缝缺陷产生的原因比较复杂，主要有：闸室底板属于大体积混凝土，加之沉井基础对闸室底板的约束，施工期间温控防裂措施不到位，而基于以往施工经验所采取的施工措施未能消除环境条件所产生的不利影响；底板施工期

图 5.1.12　典型裂缝照片

间环境温度波动较大，恶劣气候条件导致混凝土强度增长过程中内外温差过大，另外，泵送混凝土水胶比偏大、早期强度偏低、收缩性能较常态混凝土大，易在施工过程中产生温度裂缝。

5.1.4.3　对工程的影响分析

本工程底板设计尺寸（长×宽×厚）为 $35.1m×18.5m×1.1m$，采用钢筋混凝土结构，与其下部沉井井壁及隔墙以顶部预留的钢筋锚固连接。闸墩荷载直接传至沉井井壁和隔墙为主承受，底板仅承受板上水重。底板设计计算是按双向支承板模式进行的，而沉井井格平面净尺寸仅为 $4.9m×4.9m$，计算单元的宽厚比为 4.45，经复核，底板产生裂缝不会影响结构安全。由于本工程地处沿海，如裂缝不处理将会导致底板钢筋的腐蚀，对工程的安全性、耐久性均有影响，因此底板裂缝须选择合适的修补方案加以修补，以能保证工程的安全、耐久和使用功能。

5.1.4.4　裂缝修补技术要求

（1）闸底板裂缝修补的目的是防止硫酸盐和氯离子等有害离子对底板缝内钢筋造成腐蚀，同时兼顾结构补强要求，闸底板裂缝修补采用化学灌浆。

（2）闸底板裂缝灌浆应满足 GB 50367—2013《混凝土结构加固设计规范》及相关规程、规范的要求。

（3）针对闸底板裂缝情况，所选浆液应具有较好的可灌性；灌后裂缝处混凝土抗压强度、抗拉强度（垂直缝向）应不低于 C30 混凝土的抗压、抗拉强度，黏结强度≥5MPa；灌浆后裂缝处渗透系数不大于 $1×10^{-7}cm/s$。

（4）底板贯通缝均须灌浆；缝宽 0.1mm 以下、缝深小于 350mm 的非贯通缝，采取表面封闭处理。

（5）灌浆应选择温度相对较低的时段进行。

（6）所选灌浆压力应确保底板结构安全。

（7）选择具有代表性的裂缝，先进行试灌浆，并检测灌浆效果，取得经验后，再正式开始裂缝灌浆处理。

（8）应采取钻芯取样、室内试验、现场压水试验等检测灌浆效果。

5.1.4.5 灌浆工艺试验

选择 15 号底板 1 条裂缝进行工艺性灌浆，以确定灌浆材料、灌浆孔布置、灌浆压力及灌浆工艺流程。浆液凝固后现场用钻机骑缝钻芯样并委托有关单位检测芯样劈裂抗拉强度。

1. 灌浆材料

灌浆材料为 E-85 环氧灌缝浆材，该浆材为环氧类灌浆材料，一般适宜灌注干缝或略有潮湿的裂缝，可灌注 0.1～0.2mm 及以上的裂缝，力学性能见表 5.1.6，浆液力学性能满足 GB 50367—2013《混凝土结构加固设计规范》、《混凝土裂缝用环氧树脂灌浆材料》（国家建材行业标准）的要求。

表 5.1.6　　　　　　　　　E-85 灌缝浆材力学性能

项　目		GB 50367—2013《混凝土结构加固设计规范》要求	检测结果
钢—钢拉伸抗剪强度标准值/MPa		≥10	13.2
胶体性能	抗拉强度/MPa	≥20	>30
	受拉抗压弹性模量/MPa	≥1500	>1700
	抗压强度/MPa	≥50	>55.0
	抗弯强度/MPa	≥30（且不呈脆性、破裂状破坏）	>40（不呈脆性、破裂状破坏）
可灌性		可灌入宽度为 0.1～0.2mm 的裂缝	可灌入 0.1～0.2mm 的裂缝

2. 主要设备

裂缝处理设备见表 5.1.7。

表 5.1.7　　　　　　　　　裂缝处理施工设备配置表

序　号	设 备 名 称	用　途
1	取芯钻机	钻芯取样
2	灌浆泵	压力灌浆
3	电锤	布置注浆嘴

3. 裂缝处理施工工艺过程

裂缝灌浆处理工艺流程为：裂缝检查与表面清理——→灌浆孔布置——→表面封闭——→埋灌浆嘴——→检查连通及封闭情况——→灌浆——→钻芯检查。

（1）裂缝检查与表面清理。检查表面裂缝情况，将裂缝表面泥沙、污垢等清理干净。

（2）灌浆孔布置。钻孔：分骑缝钻垂直孔和在缝两侧钻斜孔，骑缝钻孔深度为 0.2m，斜钻孔深度为 0.4m，采用电锤钻孔，依裂缝表面缝宽不同，将灌浆孔距控制在 0.3m 左右。

灌浆孔布置示意图如图 5.1.13 所示。

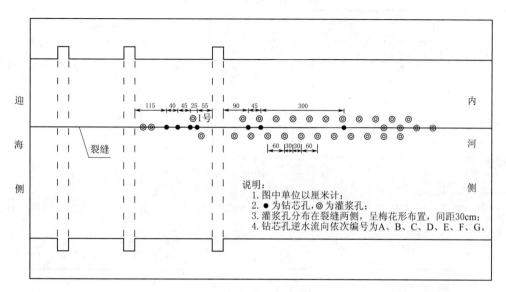

图 5.1.13 裂缝灌浆孔和取芯孔示意图

（3）埋灌浆嘴。采用埋置专用灌浆针。

（4）底板顶面裂缝封闭。在主门槽向内河侧长度 7m 的裂缝表面采用 DZ 专用树脂胶泥封闭裂缝表面，两门槽之间裂缝表面未用 DZ 专用树脂胶泥封闭。

（5）灌浆。灌浆时先灌斜孔处灌浆嘴，再灌注骑缝灌浆嘴，灌浆压力控制在0.2～0.3MPa。

15 号底板灌浆长度 10m，共灌注浆液 6.9kg，其中两个门槽之间共灌注浆液 2800g，1 号灌浆孔注入浆液 2400g。

4.灌浆效果质量检查

参照 GB 50367—2013《混凝土结构加固设计规范》对裂缝修补的要求，采用钻芯法检测裂缝灌浆情况，检测芯样的劈裂抗拉强度。

取芯位置示意图如图 5.1.13 所示，取芯情况详见表 5.1.8。

表 5.1.8　　　　　　　　　裂缝灌浆处理取芯情况汇总表

钻孔号	芯样长度/cm	芯样裂缝灌浆情况	备　注
A	35	裂缝基本充填浆液	从 A 芯样判断浆液扩散半径大于 120cm
B	78	上半段 37cm 裂缝基本充填浆液，下半段表面未见裂缝	
C	71	裂缝基本充填浆液	
D	52	上半段 20cm 裂缝充满浆液，下半段表面未见裂缝	斜钻孔未穿过裂缝
E	40	上半段 20cm 裂缝基本充填浆液，下半段裂缝未充填浆液	
F	34	裂缝基本充填浆液	
G	50	裂缝基本充填浆液	

芯样黏结劈裂抗拉强度检测结果见表 5.1.9。

表 5.1.9 芯样黏结劈裂抗拉强度检测结果

芯样编号	钻孔号	芯样长度/mm	芯样直径/mm	破坏荷载/kN	劈裂抗拉强度/MPa	裂缝开展情况	备注
1 号	B	200	92	102	3.53	芯样目测无裂缝	平均为2.92MPa
2 号	C	199	92	86	2.99		
3 号	G	199	92	65	2.26		
4 号	G	202	92	104	3.56	裂缝一端与下受力点重合，另一点不重合	芯样内浆液尚未完全固化，延长固化时间，黏结强度会有一定增加
5 号	A	200	92	60	2.08		
6 号	F	202	92	51.5	1.77	裂缝与上下受力方向基本一致	
7 号	E	180	92	57.9	2.23	裂缝与上下受力方向基本一致	
8 号	D	130	92	48	2.56	裂缝与上下受力方向基本一致	
9 号	A	90	92	23	1.77	为底板钢筋保护层处芯样，裂缝与上下受力方向基本一致	

裂缝处理情况，如图 5.1.14～图 5.1.23。

图 5.1.14 裂缝灌浆

图 5.1.15 裂缝灌浆表面不可视裂缝出浆

图 5.1.16 两门槽之间裂缝灌浆

图 5.1.17 两门槽之间裂缝灌浆表面出浆（未封闭）

图 5.1.18　钻芯取样

图 5.1.19　芯样裂缝已基本充满浆液（一）

图 5.1.20　芯样裂缝已基本充满浆液（二）

图 5.1.21　芯样裂缝已基本充满浆液（三）

图 5.1.22　有缝芯样劈裂抗拉强度 85.5kN

图 5.1.23　无缝芯样劈裂抗拉强度 49.9kN

5. 结论

（1）通过对 15 号底板 10m 长裂缝工艺性灌浆，共灌注浆液 6.9kg，浆液最大扩散半径大于 120cm，一般为 20~40cm。

（2）裂缝表面封闭对保护层处裂缝灌浆效果较不封闭好。

（3）芯样裂缝处黏结强度约为完整芯样的 80%，由于裂缝内有一定湿气，芯样内浆液尚未完全固化，延长固化时间，黏结强度会有一定增加。

（4）由于气温上升，裂缝宽度有所减少，现阶段缝宽约为 0.05~0.25mm。

（5）对于缝内较潮湿的裂缝，可选择具有潮湿条件下固化的环氧固化剂，以进一步提高黏结强度。

5.1.4.6 裂缝修补施工

通过灌浆工艺试验，为使灌浆更具效果，大面积灌浆施工时选择具有亲水性、对潮湿基面亲和力好、更具可灌性的低黏度环氧灌浆材料 HK-G 浆材，适宜于灌注干缝或略有潮湿的裂缝，可灌注 0.1mm 左右及以上的裂缝，一定压力下可灌注 0.1~0.05mm 的裂缝，如图 5.1.24 所示。

图 5.1.24 裂缝修补

5.1.4.7 裂缝修补检测

闸底板裂缝修补后委托有关检测单位对裂缝修补质量进行了检测，裂缝处共取 6 个芯样，进行芯样抗压和劈裂抗拉试验。为检查裂缝修补后的抗渗效果，进行了现场压水试验。经检测，抗压强度平均为 30.7MPa，劈裂抗拉强度平均为 2.72MPa，达到了 C30 等级，裂缝修补效果较好，现场压水试验，注水压力为 0.8~1.0MPa，未见裂缝处渗水。芯样抗压强度见表 5.1.10，芯样劈裂抗拉强度强度见表 5.1.11。

表 5.1.10　　　　　　　　钻芯法检测混凝土抗压强度结果汇总表

检测部位	混凝土设计强度等级	龄期/d	试件尺寸（高×直径）/mm	计算面积/mm²	修正系数	破坏荷载/kN	单块强度值/MPa	平均值/MPa
16 号底板	C30	≥28	100×100	7854	1.0	270.3	34.4	30.7
17 号底板			100×100	7854	1.0	227.2	28.9	
11 号底板			100×90	6361	1.04	176.8	28.9	
备注	检测依据采用 SL 352—2006《水工混凝土试验规程》							

表 5.1.11　　　　　　　　钻芯法检测混凝土劈裂抗拉强度结果汇总表

检测部位	混凝土设计强度等级	龄期/d	试件尺寸（高×直径）/mm	计算面积/mm²	修正系数	破坏荷载/kN	单块强度值/MPa	平均值/MPa
1 号底板	C30	≥28	100×100	15708	—	39.35	2.51	2.72
2 号底板			100×100	15708	—	45.74	2.91	
8 号底板			100×100	15708	—	43.26	2.75	
备注	检测依据采用 SL 352—2006《水工混凝土试验规程》，劈裂垫条方向与裂缝位置重叠							

5.1.5　工程实例（二）

5.1.5.1　工程概况

某水库于 1954 年 11 月建设完成，总库容 4.91 亿 m³。水库枢纽工程等别为Ⅱ等，由拦河坝、溢洪道、泄洪及发电引水钢管和电站厂房等组成。拦河坝最大坝高为 75.9m，坝顶高程 129.96m，坝顶全长 510m。其中 413.5m 为连拱坝，其左右两端以重力坝相连。

拦河坝为钢筋混凝土连拱坝，由 20 个垛、21 个拱和两端重力坝段组成，其中 2 号、22 号拱分别位于大坝左、右岸的两端部。拱、垛上游面坡度 1∶0.9，下游面坡度 1∶0.36，拱的内半径 6.75m，中心角 180°，为半圆拱，拱厚度 0.6～1.2m。垛是由左右两片三角形直立垛墙及隔墙与上下游面板相连而成，垛墙上薄下厚，同一水平面内，近上游厚而下游薄，厚度 0.6～1.93m，上游面板亦为上薄下厚，厚度为 0.7～2.0m 不等，下游面板等厚为 0.7m。垛的外宽度为 6.5m，各垛的中心线距为 20m。

坝址处出露地层为沉积变质岩，分布有：以石英板岩为主的沉积变质岩、以云母石英片岩为主的沉积变质岩和以石英片岩夹薄层云母片岩为主的沉积变质岩。坝基局部裂隙接触带蚀变风化现象严重。岩性较软，变形模量较低，同时还有多处断裂和裂隙，产状对稳定不利。

大坝坝身裂缝成因及发展过程复杂，由于部分垛基软弱或裂隙发育，建成初期垛墙就产生多条裂缝。经数十年运行，大坝的裂缝有数百条，如拱筒和垛墙的结合面、垛墙与地基结合面附近、拱台与地基的结合面等部位裂缝 300 多条；拱筒环向建筑缝，从工程建成时便有出现，至 1965 年裂缝逐渐发展至 142 条，后期运行至今拱筒建筑缝基本未再增加，已趋于稳定。

5.1.5.2　裂缝原因分析

坝体裂缝根据的危害程度可分为三种类型：①削弱大坝整体刚度的裂缝，如垛头缝、垛墙收缩缝及其延伸缝等；②危及拱筒结构安全的裂缝，如拱筒斜向叉缝和竖直垛裂缝等；③渗水裂缝，如垛上游面裂缝与拱筒环向建筑缝等。

大坝裂缝的形成有如下一些原因：①连拱坝施工时先施工垛墙、后施工拱筒，垛墙浇筑时间比拱筒早4个月左右，拱筒混凝土浇筑时垛墙混凝土的收缩已完成，拱筒混凝土浇筑时的收缩受到了垛墙的约束，使拱筒中一些薄弱部位受拉而开裂；②垛墙混凝土浇筑后受到基岩的约束而产生了剪应力和拦应力，由于垛墙混凝土收缩而产生的应力集中导致竖向裂缝的形成；③低气温高水位等恶劣工况时对大坝安全不利。大坝自建成后经历了多次低温高水位工况，如1993年11月下旬坝址所在地区气温骤降为1.4℃，而库水位在125.0m高程左右。低温使拱圈收缩拉动垛墙向上游变形，而高水位时的水压力推动垛体向下游变形，坝体因此产生较大拉应力，较大拉应力区域多出现在伸缩缝附近及拱筒中、下部位，导致这些部位大量开裂。另外，当冬季水库处于低温低水位时（水位低于105.0m），拱圈和垛墙受外部气温影响较大，产生较大的拉应力也易导致裂缝的产生。

由于裂缝的切割破坏了坝体的整体性，在本次坝体加固前仍存在一定数量的影响大坝安全的垛头斜缝、拱圈斜缝、拱圈叉缝、拱筒环向裂缝等，这些裂缝或对结构构成安全隐患，成为影响大坝安全的隐患。

5.1.5.3 裂缝修补技术要求

对裂缝的处理包括裂缝修补和结构加固。对于结构的加固，采用在垛内高应力区两侧墙及上游面板采用现浇钢纤维贴厚加固，并在垛内增加水平隔板的加固措施，以提高或恢复大坝的整体刚度。对于裂缝的加固，考虑大坝垛墙、面板及拱面上裂缝种类较多，根据渗水情况和裂缝宽度大小分类采取不同的处理方法，面板和拱上渗水裂缝修补宜在上游侧放空水库时处理，垛内混凝土施工在放空水库前施工时，可在下游面先进行封堵，待放空水库时重新在外侧进行封堵。

裂缝修补材料选择XYPEX（塞柏丝），XYPEX（塞柏丝）是由水泥、硅砂及多种性质活泼的化学物质组成的灰色粉末状材料，XYPEX中特有的活性化学物质利用水泥、混凝土本身固有的化学特性及多孔性，以水做载体，借助渗透作用，在混凝土微孔及毛细管中传输、充盈，催化混凝土中的水泥再发生水化作用，而形成不溶性的枝曼状结晶，并与混凝土结合成整体，从而使任何方向的来水或其他液体被封堵，从而达到永久防水、保护钢筋和增强混凝土结构强度的目的。

XYPEX有如下一些特点：①可长期耐受强水压；②渗透结晶深度随时间延长而加深；③有自我修复的能力；④抗化学侵蚀，耐酸碱；⑤属无机材料，不易老化；可延长结构寿命；⑥属环保产品、无毒、无味、无公害；⑦涂层料可在潮湿基面上施工，可用在迎水面或背水面；⑧施工方法简便，对于拐角处、接缝处不需要填缝和修整。与传统的环氧树脂有机材料相比较，XYPEX修补后的维持使用寿命长，能够提高混凝土的表面强度约20%。

裂缝修补的措施为：宽度大于0.2mm的渗水裂缝，采用沿缝开槽，填充塞柏丝防水材料进行封堵，对于不渗水裂缝和宽度小于0.2mm的渗水裂缝采用骑缝涂刷塞柏丝防水浆液的修补方法，塞柏丝防水封堵材料亲水条件下，能在混凝土中逐渐形成结晶，从而封闭裂缝。对裂缝宽度大于 0.4mm 的结构破坏裂缝，另进行结构加固，增加并缝钢筋（φ22@200），并贴厚钢纤维混凝土，其中加固部位垛墙上游面板现浇钢纤维混凝土厚 0.6m，两侧垛墙现浇钢纤维混凝土厚 0.4m，两端拱喷射混凝土上游 0.15m，下游 0.1m，未加固部位喷射混凝土 0.2m。

对渗水或涌水裂缝的处理方法和技术要求如下：

1. 无水流裂缝

（1）开槽：把裂纹或连接处挖呈宽 20～50mm，深 50mm 的"U"型槽（有水流时挖深些，无水流则挖浅些）。

（2）清润（清理与湿润）：除掉松散物质，用水浸渍基面。让水浸透混凝土然后去掉表面上的明水。

（3）刷浆：按容积把 5 份料 2 份水调和成 XYPEX 浓缩剂灰浆，在槽内和沿槽口的两面宽 150mm 处涂一层灰浆，可以用刷子或用手戴手套涂抹。

（4）填缝（用 XYPEX 浓缩剂半干料团）：当灰浆涂层干燥约 10min，但仍然有粘着性的时候，用 XYPEX 浓缩剂按体积取 1 份水、6 份料混合的半干料团填满槽与表面平齐（在混合时用镘刀拌和调成半干的团快，戴手套装填，然后用气动或手工工具，牢牢地压实）。

（5）刷浆：稍微用水洒湿填缝的表面，然后在所修复的区域上再涂一道 XYPEX 浓缩剂灰浆，范围应超过槽口 400mm。

（6）养护：在 3 天内，定期用雾状水进行养护。

2. 有水流的情况

（1）开槽：把裂纹或连接处挖呈宽 20～50mm，深 50mm 的"U"型槽（有水流时挖深些，无水流则挖浅些）。

（2）清润（清理与湿润）：除掉松散物质，用水浸渍基面。让水浸透混凝土然后去掉表面上的明水。

（3）填缝（用 XYPEX 修补堵漏剂半干料团）

去掉明水之后，在槽深度的 1/2 处，压上按体积取 3.5 份料、1 份水混合而成的 XYPEX 修补堵漏剂半干料团，适时填压在开槽的区域，挤压时间与水流量成正比（一般是 2～5min）。

（4）刷浆：按容积把 5 份料 2 份水调和成 XYPEX 浓缩剂灰浆，在槽内和沿槽口的两面宽 150mm 处涂一层灰浆，可以用刷子或用手戴手套涂抹。

（5）填缝（用 XYPEX 浓缩剂半干料团）：当灰浆涂层干燥约 10min，但仍然有粘着性的时候，用 XYPEX 浓缩剂按体积取 1 份水、6 份料混合的半干料团填满槽与表面平齐（在混合时镘刀拌和调成半干的团快，戴手套装填，然后用气动或手工工具，牢牢地压实）。

（6）刷浆：稍微用水洒湿填缝的表面，然后在所修复的区域上再涂一道 XYPEX 浓缩剂灰浆，范围应超过槽口 400mm。

（7）养护：在 3 天内，定期用雾状水进行养护。

3. 有高压水流的情况

（1）开槽：把裂纹或连接处挖呈宽 20～50mm，深 50mm 的"U"型槽（有水流时挖深些，无水流则挖浅些）。

（2）分压准备：在槽中水流最大的地方，钻至少深 15mm 的插引水导管的孔，取一光滑并具有相当刚性、长度至少 0.5m 的软管，以备缓解水流的压力。

（3）清润（清理与湿润）：除掉松散物质，用水浸渍基面。让水浸透混凝土然后去掉表面上的明水。

（4）分压：把导水管的一端插入洞中，在它周围的槽中填压 XYPEX 修补堵漏剂半干料团，以固定导管。让水通过导管流出，减轻水压，然后在其余的缝中同上述（3）填压 1/2 深度的修补堵漏剂半干料团。如果槽口已干，应当再洒湿。

（5）刷浆按容积把 5 份料 2 份水调和成 XYPEX 浓缩剂灰浆，在槽内和沿槽口的两面宽 150mm 处涂一层灰浆，可以用刷子或用手戴手套涂抹。

（6）封堵：移开导管并用修补堵漏剂半干料团塞住剩下的洞（如果必要时可采用插入木塞或铅丝团等方法，以阻挡水流），然后填缝（同上述（4）填 XYPEX 浓缩剂料团）。

（7）刷浆：稍微用水洒湿填缝的表面，然后在所修复的区域上再涂一道 XYPEX 浓缩剂灰浆，范围应超过槽口 400mm。

（8）养护：在 3 天内，定期用雾状水进行养护。

（9）在有水流的情况下，使用堵漏剂半干料团时，注意要待料团发热和开始变硬时压堵水流。

对于采用上述方法很难或无法封堵的涌水裂缝，可采用水泥或化学灌浆方式进行封堵，具体步骤如下。如图 5.1.25～图 5.1.30 所示。

图 5.1.25　上游坝面裂缝检查与处理作业

图 5.1.26　修补后的 10 号拱上裂缝

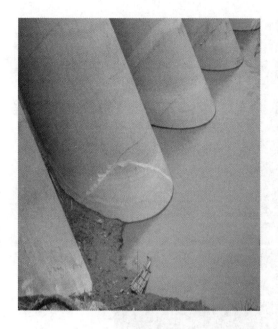

图 5.1.27　修补后的 4 号拱上游面裂缝

图 5.1.28　4 号拱内斜裂缝修补

图 5.1.29　2 号拱上游面打毛作业

（1）把裂纹或连接处挖呈宽 25mm，深 35～70mm 的"U"型槽（有水流时挖深些，无水流则挖浅些）。

（2）分压：在槽中水流最大的地方，钻至少深 15mm 的插引水导管的孔，取一光滑并具有相当刚性、长度至少 0.5m 的软管，把导水管的一端插入洞中，在它周围的槽中填压环氧胶泥或 XYPEX 修补堵漏剂半干料团，以固定导管，让水通过导管流出，减轻水压。

图 5.1.30　2 号拱上游面喷射钢纤维混凝土施工

（3）埋设灌浆嘴排气管：沿裂缝走向布置钻孔，孔深约 5～10cm（沿裂缝走向），间距 20～30cm，孔位应尽量埋置在裂缝较宽处，及裂缝交叉处，将灌浆嘴、排气管插入孔中，然后在缝的其余部位填压环氧胶泥或按同上述（3）填压 1/2 深度的修补堵漏剂半干料团，并用刮刀压实刮平。

（4）试压封缝：注浆前先用压缩空气检查裂缝封闭情况和注浆嘴是否漏气，并在封闭带和注浆嘴周围刷上肥皂水，发现有泡沫即表明有漏气，可用快干环氧胶泥封闭。

（5）配制浆液：应优先试灌水泥浆液，若灌浆效果不佳再试灌丙酮或其他复合化学浆液，水泥浆液应采用浓浆（0.5：1），化学浆液可根据生产厂家建议配合比配制。

（6）注浆：注浆可多孔同时进行，注浆压力保持在 0.2～0.3MPa，当浆液从注浆嘴进入而从排气、出胶嘴溢出时，即将排气、出胶嘴封闭，稳定 2～3min，若排水管有水排出，否则应重新按照上述要求进行复灌，直至排水管无水渗出为止确定封堵成功后，再割断乳胶管、拆除压浆器。

（7）去除灌浆嘴和割断排气管及导水管后，用环氧胶泥或 XYPEX 修补堵漏剂半干料团补平。

5.1.5.4　2 号、22 号端拱面板加固

钢纤维混凝土是一种性能优良的新型复合材料。在混凝土中加入钢纤维，为混凝土提供了微型配筋，可增强混凝土的抗拉强度、抗弯强度，显著改善混凝土的抗裂性、延性、韧性和抗冲击能力。

喷射钢纤维混凝土加固 2 号、22 号拱。两端拱结构加固的具体措施为：根据计算在 2号、22 号拱的上下游面增设受力钢筋，上游面喷射钢纤维混凝土厚 0.15m，下游面喷射

钢纤维混凝土厚 0.10m。喷射范围均自原结构基础至坝顶 127.46m 高程。

为保证新、老结构材料强度差别不大，使加固结构受力达到协调一致，钢纤维混凝土强度设计按混凝土强度等级 C40 取用。在 2 号、22 号拱上游加固结构内增设 φ22@200 的受力钢筋，在下游加固结构内增设 φ20@200 的受力钢筋。根据加固结构配筋，核算加固结构裂缝宽度。工况按基本荷载组合和特殊荷载组合分别计算，特殊荷载组合组合考虑自重、水压力、地震作用、温降作用、拱座相对变位等，经计算加固结构强度及裂缝宽度基本满足规范要求。

5.2 水工混凝土碳化加固修复技术

5.2.1 概述

混凝土碳化速度的大小，直接影响混凝土构件的耐久性和结构的安全性。要想控制混凝土的碳化速度，必须从原材料、设计、施工及养护等各个环节着手，尽力控制或减少各影响因素的影响度。防碳化处理的目的是阻止或尽可能减少外界有害气体进入混凝土内部，使内部混凝土和钢筋一直处于碱性环境中。混凝土碳化加固修复时，应根据混凝土碳化形成的机理、影响因素、工程部位及碳化程度的不同采取相应的处理措施。

5.2.2 碳化防治措施

5.2.2.1 合理选择水泥品种、强度等级

水泥品种不同意味着其中所包含的化学成分和矿物成分以及水泥混合材料的品种和掺量有别，直接影响着水泥的活性和混凝土的碱性，对碳化速度有重要影响。在同一试验条件下砂浆的碳化速度大小顺序为：高炉矿渣水泥（BFC）＞普通硅酸盐水泥（OPC）＞早强水泥（HEC）。

根据建筑物所处的地理位置、周围环境及地下水水质情况，选择合适的水泥品种。对于水位变化区以及干湿交替作用的部位或较严寒地区选用抗硫酸盐普通水泥；受水流冲刷部位宜选高强度水泥。一般情况下，高强度水泥比低强度抗碳化性能好，同级别早强型水泥比普通型水泥的抗碳化性能要好。

5.2.2.2 选择合适的骨料

分析骨料的性质，采用合适的骨料。如抗酸性骨料与水、水泥的作用对混凝土的碳化有一定的延缓作用。混凝土中的骨料本身一般比较坚硬、密实，总体来讲，天然砂、砾石、碎石比水泥浆的透气性小，因此混凝土的碳化主要通过水泥浆体进行。但是，在轻质混凝土中，由于轻质骨料本身气泡多，透气性大，所以能通过骨料使混凝土碳化。一般情况，轻质混凝土比普通混凝土碳化快，需要掺用加气剂或减水剂来减缓它的碳化速度。

5.2.2.3 控制混凝土的水灰比

选择合适的配合比，尽可能采用较小的水灰比。水灰比是影响混凝土碳化的关键因素，混凝土吸收二氧化碳的量主要取决于水泥用量，当水灰比大于 0.65 时，其抗碳化能力急剧下降，当水灰比小于 0.55 时，混凝土抗碳化能力一般可得到保证。

水灰比小的混凝土由于水泥浆的组织密实，透气性小，因而碳化速度就慢。同理，单

位体积水泥用量多的混凝土碳化较慢。但是在实际施工中，向混凝土中注水的现象屡禁不止，在浇筑一些截面尺寸较小的混凝土构件时，现场的作业人员甚至管理人员往往意识不到混凝土加水的危害，为了施工方便，擅自向混凝土内加水增加坍落度，从而增大了混凝土的水灰比，无形中加快了混凝土的碳化。因此在施工中，控制好混凝土的坍落度，对减缓混凝土的碳化也有很重要的作用。

5.2.2.4 使用合适的外加剂

选用能够提高混凝土抗碳化能力的外加剂，如羟基羧酸盐复合性高性能减水剂等。在混凝土中掺入优质粉煤灰，可提高混凝土抗碳化能力，只要选择的配合比适中，混凝土抗碳化能力一般可得到加强；在混凝土中采用适量硅粉、粉煤灰共掺技术，也可以大大增强混凝土密实性，提高混凝土抗碳化能力。

从混凝土材料本身来讲，控制好其粉煤灰的掺量，对碳化有相当重要的影响，在南京市颁布的宁建工字〔2007〕32号文附件一第九条第3点规定："混凝土中掺用的粉煤灰应为一级粉煤灰（烧失量不应大于5g）。混凝土拌制时粉煤灰掺量不宜大于水泥用量的15%，否则应委托有资质的检测单位按检验批次对混凝土构件进行碳化检测，检测数量为构件总数的30%且不少于10个构件，当平均碳化深度大于2.5mm时，设计单位应从耐久性等方面提出处理意见。"各规格水泥混凝土中外加剂对碳化的影响见表5.2.1。

表5.2.1　　　　　　　各规格水泥混凝土中外加剂对碳化的影响

水泥品种	相对碳化速度系数		
	无外加剂	掺引气剂	掺减水剂
硅酸盐水泥	0.6	0.4	0.2
普通硅酸盐水泥	1.0	0.6	0.4
矿渣硅酸盐水泥（矿渣掺量30%～40%）	1.4	0.8	0.6
矿渣硅酸盐水泥（矿渣掺量60%）	2.2	1.3	0.9
火山灰质硅酸盐水泥及矿渣与粉煤灰双掺水泥	1.7	0.9	1.0
粉煤灰水泥	1.8	1	0.7

5.2.2.5 施工措施

施工选择模板应尽可能选择钢材、胶合板、塑料等材料制成的模板。若选择木模板应控制板缝宽度及表面光滑度。模板固定时要牢固，拆模应在混凝土达到一定强度后方可进行。施工中混凝土应用机械振捣，以保证混凝土密实性，混凝土浇筑完毕后，应用草帘等加以覆盖，并根据情况及时浇水养护混凝土。

由于在混凝土施工中，现场混凝土的浇筑质量对碳化的影响也较大，如混凝土振捣不密实，轻者表面气泡、麻面，重者露筋、孔洞；这些混凝土表面缺陷，会造成混凝土内部毛细孔道粗大，且大多相互连遇，使水、空气、侵蚀性化学物质沿着粗大的毛细孔道或裂缝进入混凝土内部，从而加速混凝土的碳化和钢筋腐蚀。因此，在混凝土施工中，要求对混凝土浇捣密实，保证其浇筑质量，增大其抗碳化的能力。

根据有关资料，混凝土施工完毕后的前3天养护尤为重要，根据现场实际的施工，混凝土施工完毕后控制碳化的措施如下：

（1）增加模板套数，推迟模板拆除时间。混凝土浇筑完毕后24h内，混凝土内未反应完全，极容易形成碳化，推迟拆模时间，可有效地控制混凝土的碳化。

（2）养护及时，混凝土成型后，必须在适宜的环境中进行养护。养护好的混凝土，具有胶凝好、强度高、内实外光和抗侵蚀能力强，且能阻止大气中的水分和二氧化碳侵入其内，延缓碳化速度。但是在实际的施工过程中，因为受到各种因素（如人工成本、材料成本）的干扰，所以现场养护往往很难做到位。对此，根据相关资料，建议采用混凝土养护液可以在节约成本的前提下更好地达到养护效果，即混凝土拆模后刷养护液，利用混凝土自身养护，待28天后自然脱落，来达到养护效果。

5.2.2.6 涂料防护法

若建筑物地处环境恶劣的地区，宜采取环氧基液涂层保护效果较好，对建筑物地下部分也可在其周围设置保护层，用各种溶注液浸注混凝土，在混凝土表面涂刷环氧涂料、丙稀酸涂料、丙乳水泥、溶化的沥青等。

对碳化深度较小并小于钢筋保护层厚度，碳化层比较坚硬的，防碳化处理一般均采用优质涂料对表面进行封闭，其封闭材料主要分为有机材料、无机材料以及结合两者特点的聚合物水泥基材料。有机修补材料是选用不饱和聚酯树脂、固化剂、增韧剂、稀释剂和填料等组成修补材料，也称树脂基修补材料。无机修补材料是以硅酸盐水泥为基料并掺有硅砂等多种特殊活性化学物质的粉末状材料，又称水泥基修补材料。聚合物水泥基修补材料是通过向水泥砂浆中掺加聚合物乳胶改性而制成的一类有机无机复合修补材料。无机修补材料虽与基底混凝土物理性能基本一致，但其黏结力及力学特性不如有机修补材料，修补效果不佳。有机修补材料更难以达到从根本上对混凝土碳化破坏进行修补的目的，而且在环境温度变化范围较大时易开裂脱落，且有机材料修补施工工艺要求高，价格昂贵，耐久性差。目前，应用较多的是聚合物水泥基修补材料。

1. 涂抹丙乳砂浆

（1）涂料性能。丙乳砂浆是丙烯酸酯共聚乳液水泥砂浆的简称，属于高分子聚合物乳液改性水泥砂浆。丙乳砂浆是一种新型混凝土建筑物的修补材料，具有优异的粘结、抗裂、防水、防氯离子渗透、耐磨、耐老化等性能，与传统用环氧树脂砂浆相比，丙乳砂浆更显示其优越性，不仅成本低，而且具有施工方便、与基础混凝土温度适应较好、耐老化等特点。与普通水泥砂浆相比其优点主要有：极限拉伸提高2～3倍，抗拉强度提高1倍，抗拉弹性模量相应减小，收缩减小很多，与老砂浆潮湿面黏结强度提高2倍以上，吸水率降低约80%，抗海水氯离子渗透能力提高8倍，在紫外型碳弧灯全气候老化箱中老化2160h后，抗拉强度和极限拉伸不降低，快冻300次循环基本无破坏。

（2）施工工艺。①基面处理，如果建筑物表面平整度较差，先人工凿除，然后用高强度水泥砂浆找平，用磨光机磨掉表层碳化层及附着物，再用高压喷砂彻底清除表面碳化层，露出混凝土新鲜面。碳化层清理完毕后用高压水枪将建筑物表面完全冲洗干净，使施工面保持饱和面干状态但不能有积水；②砂浆拌制，先将水泥、砂拌制均匀，再加入水和丙乳充分拌和均匀，拌和过程中严格控制水灰比，每次应根据作业面大小拌制，保证拌制的砂浆在30～45min内全部使用完；③涂抹，先用丙乳净浆打底，净浆配比为 1kg 丙乳加 2kg 水泥，在净浆未硬化前铺筑丙乳砂浆，铺筑到位后用力压实，随后抹面，抹面要平整，且向一个方向抹平，不能来回多次抹，否则容易脱落和起泡。为使表面光滑美观，待丙乳砂浆表面略干后，按水泥：丙乳：水为 1：0.2：0.3 的比例配制丙乳净浆，在丙乳砂浆表面再刮一层；④养护，在表层净浆表面略干后，用薄膜覆盖一昼夜再洒水养护，7 天内要保持建筑物表面湿润，然后可自然风干。在阳光直射或风口部位应遮阳、保湿。

（3）注意事项。①施工期间要求气温高于 5℃，最适合在平均气温 20℃左右环境下施工，一般宜选择在春季或秋季施工；②环境湿度有利于丙乳砂浆的施工，初凝时间相对延长，有利于表面抹灰收光。当环境湿度小于 30％时，作业面要小，否则抹灰收光比较困难；③施工作业面的朝向对丙乳砂浆施工质量也有影响。向阳面施工，丙乳砂浆水分蒸发快，初凝快，不利于抹灰收光，要求作业面分块要小。背阳面相对有利于施工。对基面凹凸不平整度大的部分宜分多次抹灰；④基面的平整度对丙乳砂浆局部表面裂纹的影响非常大，基面平整度好的基本无裂纹，同时不能涂抹太厚；⑤色差，由于朝向、施工时间以及基面深浅的不同，丙乳砂浆表面存在色差，实际施工过程中为了减少色差往往采用满涂丙乳净浆掺 1％白水泥浆 2～3 遍，实践表明效果很好。

2. 涂刷环氧厚浆涂料

（1）涂料性能。环氧厚浆涂料是由环氧基料、增韧剂、防锈剂、防锈防渗填料及固化剂等多种成分组成，适用于混凝土表层封闭。该材料具有高固体分、优异的低表面处理要求的性能、优异的耐冲击性能、耐磨损性能、耐化学性能和防腐性能、对潮湿表面有良好的附着力、施工方便（刷涂、喷涂）、使用寿命长（10～20 年）、适用范围广及造价适中等优点。

（2）施工工艺。①表面清理；首先清除混凝土松动层，对表面上的麻坑、蜂窝、裂隙等缺陷用腻子修补，暴露钢筋要除锈，对缺陷面积较大、较深的混凝土脱落部分用高标号混凝土修补；其次用高压水枪进行清污并用钢丝刷刷糙，用砂纸打磨，去除表面浮物及浮尘；最后用棉纱擦净，使混凝土表面保持干净、干燥；②涂料配制。环氧厚浆涂料由主剂和固化剂配制，分甲乙两组调装，配制时按甲：乙为 7：1 配制。温度高时固化剂可适当减少，温度低时，固化剂可适当增多；③涂刷。混凝土表面要求干净、干燥、平整、密实无杂物，分 3 遍涂刷，每遍都要求在表面完全干燥的情况下进行，力求涂料均匀，防止流挂、皱褶现象发生。

（3）注意事项。①处理后的混凝土表面要求平整密实，并且表面要有糙纹，方便涂料与混凝土表面粘结牢固；②施工期温度宜为 10～30℃，过高或者过低均不利，过高则固化快、强度低，过低则固化慢或者不能完全固化，同样会降低强度，而且不利于施工，同时施工期温度对材料消耗也有影响，温度高，材料消耗少，反之材料消耗多；③遇蜂窝、麻坑及裂缝时，涂刷第一遍时要反复揉搓，纵横涂刷，沿缝涂刷，使涂料充分进入缺陷处，保证涂刷效果；④涂刷质量的好坏与混凝土表面处理的质量关系密切，用腻子对基底进行修补，既要保证处理后基底表面平整，又要保证涂料的附着力，保证涂料不与混凝土表面脱落。通过研究和试验，采用高标号水泥配 107 胶做腻子进行修补能够兼顾强度与平整度的要求。

3. 涂刷 SBR 砂浆

SBR 砂浆为丁苯胶乳（SBR）加入水泥砂浆后形成的改性聚合物水泥砂浆，具有优异的物理力学性能和耐久性。

（1）施工工艺。①表面处理：首先使用手锤等工具剔除基层表面上的蜂窝、麻面、突起、疙瘩及起壳等，清理至完好基面；其次采用砂磨机对老混凝土面进行打磨，去除混凝土表面浮灰、污垢等；最后将表面用高压水枪冲洗干净，让表面保持干燥状态或者湿润无明水状态；②涂刷：首先涂刷 1：4：1（SBR 胶：水泥：水）厚约 1mm 的 SBR 净浆 1 遍。待净浆微干后用拌制好的 SBR 水泥砂浆刷涂第 1 遍，待表面稍干后再刷涂第 2 遍，这样刷涂 3～4 遍至涂层厚度不小于 4mm 为止；③养护：常温下养护一般在涂层完工后的 72h 以后进行。养护期不应少于 14 天，每天不应少于 3 次，前 2 天最好采用喷雾养护，后期可采用洒水或喷水枪喷水养护。

（2）注意事项。①表面清理必须至新鲜牢固的混凝土面，并将打磨产生的浮尘清理干净；②涂刷前均应使作业面保持微干状态，太干则新喷涂层内的水分容易被基层吸收而影响新喷涂层的质量，太湿则易影响与新喷涂层的黏结效果和涂层的均匀性。

4. 喷涂 SK 柔性防碳化涂料

（1）涂料性能。SK 柔性防碳化涂料由底涂 BEl4、中间层 ES302 和表层 PUl6 组成。BEl4 是一种 100％固体环氧底漆，可允许在饱和或表干混凝土表面施工。它是采用特种高性能环氧树脂、含有排湿基团、能够在潮湿表面涂装和水下固化的高性能产品。BEl4 与老混凝土基底黏结强度大于 4MPa，具有超常的防腐蚀和保护特性。ES302 是一种优异的、含固量 100％的环氧厚浆涂料，含有耐候性、抗老化性及排湿特性基团的高性能产品，可直接涂于 BEl4 表面，具有优良的抗腐蚀和防碳化性能。PUl6 是一种优异的聚氨酯柔性涂料，有良好的装饰性能，可以涂装在 ES302 上，起到坚韧和耐久作用。SK 柔性防碳化涂料适用于潮湿面混凝土表面的防护，可在潮湿环境、水位变化区等部位施工，具有防碳化效果好，与混凝土粘接强度高，耐碱性、抗渗透性、柔性好等特点。

（2）施工工艺。对混凝土基面进行处理，用高压水枪清洗基面浮尘，防碳化涂料采用高压喷涂设备进行喷涂施工，首先喷涂底涂 BEl4；待底涂料表于后，喷涂中间层 ES303；待中间层表干后，喷涂表层 PUl6。该施工工艺具有施工速度快，喷涂均匀的特点，便于施工人员操作。

5. 涂刷 HYN 弹性高分子水泥防水涂料

（1）涂料性能。HYN 弹性高分子水泥防水涂料是一种绿色环保型防水材料，产品既有水泥类无机材料良好的耐水性，又有橡胶类材料的弹性和可塑性，可在潮湿基面上施工，硬化后即形成高弹性整体防水、防碳化层，没有接缝，具有"即时复原"的弹性和长期的柔韧性，无毒无味，可冷作业施工，不污染环境，与之配套使用的是 HYF 多功能胶粉。

（2）施工工艺。①基面处理：先用电动打磨机清理表面，清除混凝土表面的软弱层、污垢及突出物，露出新鲜混凝土面。然后用高压水枪清洗基面，使基面干净无杂物，表面充分湿润但无积水；②材料配制：HYN 高分子水泥防水涂料和 HYF 多功能胶粉均为粉料和液料两组分。HYN 高分子水泥防水涂料配比为：液料∶粉料＝1∶1.5。HYF 多功能胶粉配比为：液料∶粉料＝1∶6.0；③防水材料涂刷：先用 HYF 多功能胶粉对混凝土面的剥蚀、麻面进行处理，深度小于 3mm 的一次抹压完成，深度大于 3mm 的分层抹压。

（3）注意事项。施工中修补材料只能同一个方向刮抹，当手触涂层不粘手时再进行下一层施工，要求刮抹层平整、无砂眼、无起鼓、无开裂，刮抹完成后立即用塑料布覆盖进行湿养护。其次待混凝土面修补平整完成硬化后即可进行面层防水材料涂刷，施工时首先涂刷阴阳角等部位，然后进行大面涂刷，大面涂刷可采用滚刷滚涂。第二遍涂刷与第一遍的涂刷方向呈"十"字交叉的垂直方向施工，在涂料使用过程中不得随意加水，要少配快用，拌和好的浆料必须在 25min 内用完，第一遍涂层完成后须间隔 24h 才能进行第二遍涂刷。

6. 喷涂氟碳涂层材料

氟碳涂层材料是以氟树脂为主剂，加入一定量的辅助剂和固化剂等配置而成，氟树脂分子间凝聚力低，表面自由能低，难以被液体或固体浸润或粘着，表面摩擦系数小，具有优异的耐候性、耐久性、耐化学品性和防腐蚀、耐磨性、绝缘性、耐沾污性及耐污染性等性能。在一定施工工艺条件下，用喷涂设备将其均匀涂覆在混凝土表层，封闭混凝土表层孔隙，提高混凝土防碳化性能，从而延长水工建筑物使用寿命。其施工工艺流程为：混凝土基面打磨──→表面清理──→局部找平──→细微裂隙及毛细孔封闭＋涂刷高耐候性氟碳面层。

5.2.2.7 已碳化混凝土处理措施

对已经发生了混凝土碳化的建筑物，主要根据碳化程度的不同采取措施。对碳化深度过大，钢筋锈蚀明显，危及结构安全的构件应拆除重建；对于碳化深度较小并小于钢筋保护层厚度，碳化层比较坚硬的，可采用涂料封闭；若碳化深度较大或碳化层较松散的，可凿除混凝土碳化层，洗净进入的有害物质，将混凝土衔接面凿毛，用环氧砂浆或细石混凝土填补，最后以环氧基液做涂基保护；对钢筋锈蚀严重的，应在修补前除锈，并根据锈蚀情况和结构需要加布钢筋。

案例 1：连云港××泵站

连云港市××泵站位于连云港市北郊 9km 处 310 国道北侧，是治淮工程沂沭泗洪水东调南下主体工程之一，是确保连云港市区及陇海铁路防洪安全的关键工程。该泵站备有 110kV、40000kVA 的专用变电所，站内装备 ZL-30-7 型轴流泵配 TDL-3000-40/3250 同步电动机共 12 台套，水泵叶轮直径 3.1m，电动机功率 3000kW，设计抽排能力 300m³/s，最大抽排能力 360m³/s，设计净扬程 3.8m，总装机容量 36000kW，排涝标准为 5 年一遇。

该泵站在 11 年的运行中，由于该站距海口仅 10km，运行条件和环境条件较差，空气潮湿，含有盐雾，氯离子含量大，加之该站停缓建时间过长，出现了站身混凝土密实性和钢筋保护层厚度不足，工程的许多部位混凝土碳化、老化等现象，泵房产生许多裂缝和病害，混凝土构件多处锈胀剥落，钢筋锈蚀病害严重，强度下降。见图 5.2.1～图 5.2.9。

图 5.2.1　1 号机进水口左孔胸墙右端混凝土剥落露筋附

图 5.2.2　8 号机进水口左孔中隔墩人行孔顶露筋

　　扬州大学测试中心对该泵站进行了安全鉴定。经检测，该泵站各构件碳化深度不均匀，其中 8 号机进水口泵房后墙碳化深度最大，达 37.0mm。泵站大部分构件实测混凝土保护层厚度小于设计的混凝土保护层厚度，并小于规范规定的最小保护层厚度。混凝土结构保护层厚度不足，普遍碳化；水泵层和岸墙多处渗水；进水侧工作便桥和胸墙开裂、露筋严重，交通桥拱顶开裂、断裂严重；出水侧闸墩、胸墙、前墙局部开裂严重；进水侧胸墙和进出水口闸墩、出水口工作桥混凝土强度等级不满足规范要求。鉴于以上结论，建议对泵站进行加固改造时进行防碳化处理。

1. 防碳化处理方法

加固工程设计时，根据混凝土碳化的程度不同，部位不同，处理方法也不同。对碳化深度过大，钢筋锈蚀明显、危及结构安全的构件应拆除重建；对碳化深度较小并小于钢筋保护层厚度，碳化层比较坚硬的，可用优质涂料封闭；对碳化深度大于钢筋保护层厚度或碳化深度虽然较小但碳化层疏松剥落的，均应凿除碳化层，粉刷高强砂浆或浇筑高强混凝土；对钢筋锈蚀严重的，应在修补前除锈，并应根据锈蚀情况和结构需要加补钢筋。防碳化处理后的结果要达到阻止或尽可能减缓外界有害气体进入混凝土内侵蚀，使混凝土内部和钢筋一直处在高碱性环境中。

2. 混凝土防碳化处理方案

（1）环氧厚浆涂料：

1）性能特点：环氧厚浆涂料是由环氧基料、增韧剂、防锈剂、防锈防渗填料及固化剂等多种成分组成，适用于混凝土表层封闭。本工程中主要用于泵站泵房内混凝土表面及出水侧翼墙和 6kV 室外架空线混凝土杆的防碳化处理。它具有以下一些特点：①稳定性好。该涂料在大气、淡水、海水及酸碱溶液等介质中长期稳定；②物理机械性能好。该涂料附着力强，涂层坚硬耐磨，耐热性及电绝缘性好；③密封性能好。该涂料涂刷后能完全密闭受涂物表面，耐水、耐湿；④保护周期长。使用寿命在 12 年以上；⑤施工方便。既适合手工涂刷，又适合机械喷涂。

2）施工工艺：

a）表面处理。混凝土表面处理是除掉混凝土上的污迹、浮物，一般有手工清理和机械清理两种方法。手工清理用钢丝刷在混凝土上来回拉刷，直至除掉混凝土表面的污迹，再用水清洗。机械清理常用喷砂及高压水、高压气冲洗，以不损伤混凝土表层为限。表面处理后，对于混凝土上显露出来的裂缝、蜂窝、麻面等缺陷要先进行修补，完全补好后才能进行涂装，才能彻底保护混凝土。混凝土表面处理后待完全干燥后才能进行涂装。

b）涂料使用。要求环氧厚浆涂料分甲、乙两组分，使用时一般按甲、乙组分比 7∶1 混合均匀后使用。配制量要根据需求适量配制，及时用完。二次涂装要在一次涂装漆膜完全干燥后进行。

c）表面涂装。环氧厚浆涂料的人工涂装方法与一般涂料相同，机械喷涂采用高压无气喷涂工艺。

d）用量。环氧厚浆涂料固体组分多，挥发组分少，一般应涂刷 3～4 遍，厚度达到 $250\mu m$ 左右，用量 0.5～0.6kg/m²。

（2）丙乳砂浆。丙乳砂浆是丙烯酸酯共聚乳液水泥砂浆的简称，因其优越的力学性能和抗渗性能而适用于各种水工建筑物的防碳化处理。本工程中主要用于泵站泵房外侧碳化、松动及剥落混凝土的修补处理。

水工建筑物的防碳化应根据原有建筑物的结构材料酌情考虑，不仅应根据工程的地区环境、使用年限，而且要根据施工条件、投资和周边景观协调统一等合理选择。施工前要针对工程外表面具体情况确定其处理措施，同时每道工序控制质量标准，特别是靠近沿海的水工建筑物。以上两种实用的混凝土碳化处理方案总结了当前我国建筑工程特别是水利建筑工程的防碳化实践方面的经验教训，对我国沿海地区水利工程建筑物防碳化方案的选择，具有较大的借鉴作用，值得大力推广使用。

案例 2：黄河××水利枢纽工程

1. 工程概况

黄河××水利枢纽工程位于内蒙古自治区巴彦淖尔盟磴口县的黄河干流上，总库容 0.8 亿 m^3，是目前黄河干流上唯一的一座灌溉、发电、防洪等综合利用的引水大型平原闸坝工程，属年调节水利枢纽。工程于 1959 年 6 月动工兴建，1961 年 5 月竣工并投入运行。工程投入运行 40 余年后，老化病害现象严重，混凝土结构的冻融、剥蚀、碳化程度严重，深度大、范围广，进一步发展将引起钢筋锈蚀，危及水利枢纽工程安全。因此，2002 年对水库进行了除险加固。在除险加固过程中，对拦河闸闸墩水下部分采用新型的 SPC 聚合物水泥砂浆处理，进水闸采用新型的环氧砂浆处理。

2. 混凝土碳化剥蚀状况及处理方案

(1) 剥蚀状况及成因。黄河××水利枢纽工程于 1999 年 9 月经水利部、水利厅及南京大坝中心相关专家的检测和鉴定，对混凝土结构的强度、内外部缺陷和其他性能进行检测时发现枢纽工程的混凝土主要存在两种形式的破坏：碳化和冻融剥蚀，即水上混凝土结构包括闸墩、公路桥、机架桥主次梁、牛腿等部位普遍存在碳化破坏，破坏面积达 15000m²，水下部分、上下游水位变化区的混凝土普遍存在冻融、剥蚀破坏，破坏面积达 4800m²。分析认为造成该工程混凝土碳化侵蚀的主要原因是，在北方高寒地区混凝土经常受到不稳定水位渗透、地下渗流、天然降水饱和及不均匀温差侵袭、冻融所致，钢筋混凝土结构碳化剥蚀是由于钢筋混凝土在施工过程中对混凝土碳化的重视程度不够，而且受资金方面的制约，对干缩裂缝等存在的易碳化区没有及时处理等有关。

(2) 加固技术处理方案。从原混凝土碳化剥蚀成因、部位大小、观测及经设计、建设、监理、施工四方调研，进一步与同类产品的施工经验、成本价格、气候适应性等诸方面因素对比分析，确定本次加固修补原则是凿旧补新，将遭受破坏的混凝土全部凿除，回填能满足耐久性要求的修补材料，并提出以下两个技术处理方案：进水闸碳化采用传统的环氧材料处理，闸室水面以下部分混凝土采用环氧砂浆涂抹，厚 1cm；抗压强度为 50MPa、抗拉强度为 5MPa、黏结强度为 4MPa、抗冲磨强度为 7h/cm.m，适用温度范围为 -10℃ 以上。水面以上部分闸墩、机架桥、公路桥涂抹环氧胶泥。拦河闸碳化采用聚合物材料处理水下部分采用 SPC 聚合物水泥砂浆：厚为 1cm，抗压强度 35MPa，抗拉强度 4MPa，抗折强度 8MPa，黏结强度 2MPa，抗渗等级 S8。水面以上部分喷涂改性的 AEV 聚合物乳液，厚度 0.3~0.5mm，黏结强度 >0.2MPa。

3. 碳化处理施工技术

(1) 进水闸环氧砂浆操作技术：

1) 施工流程。基面处理──→拌制、涂刷基液──→拌制、涂抹砂浆──→压实抹平──→

养护。

2）基面处理。首先采用人工凿毛的方式进行基面糙化处理，其次用钢丝刷和高压风消除松动颗粒和灰尘。有明显凸出和错台用砂轮机整平。对已经锈蚀的钢筋除锈，对外露的铅丝头进行切除，对木头条剔除。

3）环氧基液的拌制和涂刷采用 NE 型环氧基液，A、B 组分的比例为 4∶1。将 B 组分倒入 A 组分桶内，用搅拌器搅拌 3min，搅拌均匀后，用毛刷均匀地涂刷在基面上。基液涂刷要求薄而均匀，不得有漏刷、厚刷、流淌等现象。涂刷基液和涂抹砂浆交叉施工。

4）环氧砂浆的拌制和涂抹采用 NE-ⅡD 型环氧砂浆，A、B 组分的比例为 16.86∶1。每次拌和量为 40kg，取 A 组分倒入搅拌机内初拌 3min，然后将 B 组分慢慢倒入拌和机内，搅拌 3min，反转拌和机叶片 3min，拌和均匀即可施工。

5）环氧砂浆的养护期为 14 天，养护温度在 -10℃以上。养护期间的砂浆面避免受硬物摩擦、撞击。施工好的砂浆面 3 天内避免水浸。

（2）进水闸环氧胶泥操作技术：

1）施工流程。基面处理──→拌制胶泥──→打底──→二遍抹光──→养护。

2）基面处理。用砂轮机对整个水面以上混凝土进行磨光处理，磨除混凝土表面的乳皮和疏动层，露出新鲜混凝土面。外露铁件切除，木头条取出。施工面上的孔洞用环氧砂浆补平，然后用高压风吹干净表面灰尘，达到混凝土表面干燥、干净，无明显凸凹、错台、灰尘、无铁件、松动颗粒。

3）环氧胶泥的拌制。采用 EJN-ND 型环氧胶泥，A、B 组分的比例为 4∶1，按比例将 A、B 组分拌和，搅拌时间为 3min。每次拌和量为 50kg，现拌现用。暖棚内温度 7℃，每次拌和的胶泥在 40min 内用完，以保证施工质量，避免材料浪费。

4）环氧胶泥的涂抹。先用抹刀将施工面上的气孔、麻面用胶泥填满补平，要密实不得出现气泡。如出现气泡，必须放气，然后压实抹光。待第 1 遍胶泥表干后，再用刮刀刮抹第 2 遍环氧胶泥，这层胶泥的施工要求薄而均匀，并且刮抹好的表层要平整、光滑、无施工涂抹搭缝及划痕，并要求操作人员进行分区，避免漏涂或多涂。

5）养护。养护期为 14 天，养护环境温度在 -10℃以上，养护期间避免硬物撞击、水浸。

（3）进水闸施工要点及注意事项：

1）每次拌好的基液和砂浆在 40min 内用完，避免材料浪费。

2）环氧砂浆和环氧基液用经主管部门检验合格的衡器称量，拌和有专人操作，另有一人旁站监称，并做好记录。

3）刷完基液后手触有拉丝现象开始抹环氧砂浆，用铁抹子涂抹到基液面上，边抹边揉压找平，表面提浆。涂层压实提浆后，间隔 2h 左右，再次抹光，表面不得有接缝。

4）对于隔天的施工冷缝做成 1∶3 缓坡，逆水流方向。接缝施工应先在缝面上刷一薄层基液后再涂抹环氧砂浆。对缝处仔细压实，消除缝茬，保证平滑。

5）施工人员要穿戴好安全帽、手套等防护用品。材料不慎粘到衣服、皮肤上，首先擦去，然后用丙酮擦拭干净。

每班的工作器具使用完毕要及时清理，并用丙酮清洗干净。

（4）拦河闸 SPC 聚合物水泥砂浆施工技术：

1）施工流程。混凝土凿毛，高压水冲洗，配制界面剂 SPC 砂浆，涂刷界面剂，抹面，潮湿养护 7 天，涂刷界面剂，自然养护 28 天。

2）混凝土表面凿毛。采用人工配合机械的方法对混凝土表面进行凿毛处理，要先清除表层的疏松层、老化层、污垢、灰尘，凿至坚硬、牢固、新鲜的混凝土面上，用高压水将碎屑、灰尘冲洗干净。

3）界面剂和 SPC 砂浆的配制拌和。界面剂按配比（水泥：SPC 乳液＝0.24：0.3）将水泥缓慢地加入到 SPC 聚合物乳液中，边加边搅拌，拌至无水泥颗粒、沉淀即可，SPC 砂浆按配比（水泥：中砂：SPC 乳液：水＝1：2：0.4：0.1）将水泥、砂干拌均匀，再将 SPC 聚合物乳液和水混和加到灰砂中，以人工拌和方式充分拌和均匀，一次拌和的数量根据抹面进度确定，以 1h 内用完为宜。

4）抹面施工。先用水湿润凿毛后的混凝土表面，不能存有积水，薄而均匀地涂刷一层界面剂（涂刷量控制在 0.4～0.5kg/m²），然后摊铺聚合物砂浆进行抹面，力求一次拍实抹平，不能反复压抹以防拉裂，并根据砂浆的拌和量，控制抹面面积（平均厚度为 1cm）。

5）养护 SPC 聚合物水泥砂浆初凝后，进行潮湿养护，定时喷敷洒水保证抹面处于潮湿状态，第 1 天盖塑料膜养护，第 2～7 天覆盖无纺布潮湿养护，7 天后涂刷一层界面剂，然后自然养护 28 天。

（5）拦河闸喷涂 AEV 防碳化乳液施工技术：

1）施工流程。混凝土表面打磨──→破损部位修补──→高压水冲洗──→防碳化涂料底层喷涂──→二层喷涂──→面层喷涂。

2）混凝土表面打磨。用砂轮机清除混凝土表面污垢、油漆、积尘，为使涂料与混凝土面良好粘结，须全面打磨掉混凝土表面风化、老化层。对于混凝土表面的局部缺陷，如梁的掉角，混凝土面的剥蚀，交通桥的排水孔、坑洞等，先用高强度等级水泥砂浆或聚合物砂浆修复。喷涂前，用高压水清洗混凝土表面至表面无污垢及浮尘。

3）AEV 乳液配比及拌和。每遍乳液喷涂按配比进行拌和，每次配料量为 30～50L，辅料采用高强超细水泥，用电动搅拌器搅拌。每遍喷涂 AEV 乳液具体配比见表 5.2.2。

表 5.2.2　　　　　　　　　　AEV 乳液混凝土防碳化材料配比

工　序	材　料			
	AEV 乳液	净水	水泥	消泡剂
第 1 遍	1.0	1.0	—	0.0001
第 1 遍（覆）	1.0	0.5	0.1	0.0001
第 2 遍	1.0	0.2	0.3	0.0001
第 3 遍	1.0	0.2	0.2	0.0001

4）喷涂施工。在已清洗修补的混凝土表面，用高压喷涂机喷涂防碳化涂层，喷涂前表面应风干。共喷涂 3 遍，以达到喷涂的厚度，每道涂层表面已干后，方可再喷下一层。

（6）拦河闸施工要点及注意事项：

1）水泥要采用 P.O.42.5R 普通硅酸盐水泥，砂要质地坚硬、清洁、级配良好，以中砂为宜，细度模数 2.4～3.0，含泥量小于 3%，要求各种材料的计量要准确，专人配制，并进行记录。

2）界面剂的涂刷应薄而均匀，不流淌，不漏涂。

3）目测混凝土表面喷涂效果，要求全封闭，无漏喷，喷层厚度达到要求，即 0.3mm，喷层基本均匀。

4）养护期避免震动冲击破坏，防止污染，保持砂浆表面温度高于 5℃。

5）SPC 乳液应避免受冻受潮，防止曝晒，贮存在 5℃以上阴凉通风处，SPC 乳液有效贮存期为 6 个月，SPC 砂浆采用人工拌和，一次配料不宜太多，1h 内用完，室外作业禁止在雨天施工，施工温度 5～30℃为宜。

4. 监测结果分析

2003 年 2 月发现进水闸已施工完环氧砂浆部分开裂，随着时间推移，裂缝增大以至于脱落。根据观察开裂部位均在闸墩头部，即受太阳日光直射部位，其他部位未产生开裂现象。根据初步分析，环氧砂浆有抗压强度高与黏结力大、施工简单等优点。但其线膨胀系数为$(25\sim30)\times10^{-6}(1/℃)$，而混凝土线膨胀系数为$(5\sim10)\times10^{-6}(1/℃)$。磴口地区昼夜温差达 15℃左右，受太阳直射部位夜间负温，白天正温，两种材料膨胀、收缩不同产生应力，这种剪切力引起了破坏。破坏面发生在紧靠黏结面的母体混凝土中，所以环氧材料不适用于温差大的部位。

聚合物砂浆是普通水泥砂浆中加入聚合物乳液的复合材料，提高了砂浆（混凝土）的极限拉伸、抗拉强度、黏结强度，减小干缩率，提高混凝土的密实度、抗渗性、抗冻性，而且线膨胀系数与混凝土基本相同。为证实聚合物砂浆施工质量及效果，对其进行了试验，SPC 聚合物砂浆抗拉强度、黏结抗拉强度试验委托北京市水利科学研究所进行，试件满足 35 天龄期，养护条件为 7 天的湿养护，之后在自然条件下养护 28 天。试模为 80 字模。各试验平均值为：抗拉强度 6.10MPa，黏结抗拉强度 3.79MPa，抗压强度 44.13MPa，抗折强度 9.1MPa，抗冻等级满足 F300，抗渗等级满足 S8。乳液黏结强度试验的试件尺寸采用 80 字模，龄期为 7 天，黏结强度的试验结果为 1.95MPa、1.99MPa、1.72MPa。试验结果均符合设计指标要求。工程在 2003 年进行了除险加固，至目前已运行了 5 年，运行效果良好，经过现场锤敲、外观检查，没有出现空鼓、裂缝、脱落等现象。

5. 结语

（1）除险加固工程混凝土碳化处理设计前对建筑物进行仔细的调查和鉴定分析，为设计提供了可靠资料。针对不同的情况采用不同的处理方法，达到了处理合理、费用和工期减少的整体的综合目标。

（2）北方高寒地区温差大、时值冬季施工、大面积的使用环氧砂浆尚属第一次。环氧水泥砂浆、SPC 砂浆和喷涂 AEV 乳液是防碳化一项较新的施工技术，实际工程效果还需经工程实践的充分检验，才能得到一个科学而公正的结论。

案例 3：泰兴市××闸

泰兴市××闸位于长江下游左岸，距长江口 500m，是泰兴市骨干河道——天星港的通江控制口门，也是通南地区的通江口门之一，是泰兴长江防洪工程的重要组成部分，为保障泰兴南部地区防洪与供水安全发挥了重要作用。其主要功能是：防洪、灌溉、排涝，兼顾通航。2005 年 12 月 28 日通过竣工验收，工程质量为优良等级。近年来，由于该工程所在环境的影响和长期运行的原因，节制闸闸墩部分混凝土工程出现蚀坑、剥落、碳化、裂缝现象。2011 年 3 月对××闸进行了安全鉴定，完成了水闸混凝土碳化、混凝土强度等相关内容的现场检测工作，检测结果为闸墩出现碳化，存在表面混凝土剥落、露筋及少许裂缝现象。碳化深度一般为 3～10mm，局部处混凝土破损、剥落、钢筋外露。

图 5.2.3　处理前的闸墩门槽

2011 年 10 月，施工单位对闸墩采取了水泥基覆层（砂浆）、涂抹裂缝修补胶和环氧树脂防腐处理的措施，取得了较好的效果，消除了潜在的安全隐患，增强了该闸的抗碳化自力，提高了运行的安全性。

混凝土防碳化处理施工程序及工艺要求：①划定处理范围：根据检测结果，划定混凝土碳化的部位，确定需处理的范围；②清除混凝土碳化层：根据混凝土碳化的不同程度，采取不同的清除方法：碳化严重，碳化部位混凝土破损，钢筋外露，需将松散、破损混凝土凿除，露出钢筋，以便对钢筋除锈处理，碳化不严重，混凝土表面轻微破损，可采用手提角磨机打磨。若需处理的面积大，用冲砂机打磨的方法效果好、效率高；③清洗：用高压水枪对打磨后的混凝土表面冲洗干净，然后进行下一步的工序；④修补：对混凝土破损严重的部位，先用高标号砂浆或细石混凝土修补、填平，对外露的钢筋进行切除、除锈或

图 5.2.4　处理前的闸墩墩头

重新焊接植筋补强；⑤涂抹聚合物纤维砂浆。对碳化严重部位可在混凝土表涂抹一层聚合物纤维砂浆，厚度 2～3cm。要求混凝土表湿润，但无积水，先涂刷一层混凝土界面剂，然后再涂抹砂浆。最后，待砂浆固化后再涂抹环氧树脂进行防腐处理，增强混凝土的抗碳化能力。

案例 4：临淮岗洪水控制工程××闸

临淮岗洪水控制工程位于淮河干流中游，××闸为临淮岗洪水控制工程主要建筑物之一，位于引河北侧滩地。工程于 1958 年开工，1962 年因经济困难停工。设计流量 9500m³/s，闸室结构为开敞式，单孔净宽 10m，共 49 孔，每隔一孔底板分缝。由于工程未竣工，××闸建成至今，未经设计条件考验，工程老化破损、设备转移，仅起交通桥作用。

1992 年和 2000 年 5 月两次检测结果表明，该闸主要部位（闸墩、闸底板、消力池）的内部混凝土质量尚可，表层混凝土蜂窝、麻面普遍，碳化、风化、水流冲刷磨损较为严重，混凝土耐久性差。工作桥、检修便桥、交通桥的裂缝、露筋现象普遍，主筋截面损失较大。质量综合评价结果为：闸墩混凝土抗压强度评定强度值为 28.6MPa，墩内主筋截面基本无锈蚀损失，碳化平均深度为 32mm，其中有 20% 接近实测钢筋保护层平均厚度，闸墩下部 4m 范围内，水流冲刷磨损破坏较严重；部分闸墩存在少量的裂缝；闸室底板混凝土抗压强度评定强度值为 27.0MPa，平均碳化深度值 12mm，钢筋无锈蚀；消力池斜坡段强度评定值为 17.2MPa，混凝土平均碳化深度为 12mm，钢筋无锈蚀，有 27 孔产生裂缝，缝宽一般为 0.5mm，缝深一般为 6～13cm，消力池水平段（底部）混凝土抗压强度平均值为 25.4MPa，无裂缝，钢筋无锈蚀。消力池混凝土表层均被水流冲刷磨损严重。

1. 闸墩碳化处理

闸墩的碳化处理，比较了两个方案：①凿除闸墩表面碳化破损层 5cm，在闸墩每侧现浇 15cm 厚 C25 钢筋混凝土。新老混凝土间用锚筋拉接（$\phi14@750mm$）；②凿除闸墩外表碳化破损层 5cm，用高压水清洗干净，再打锚筋（$\phi14@1000mm$），挂钢丝网，喷射 C30 混凝土 5cm，见表 5.2.3。

表 5.2.3 闸墩碳化处理方案技术经济比较表

内 容 　　　　方 案		方案一：现浇钢筋混凝土	方案二：喷射混凝土
加固措施		将闸墩碳化层 5cm 凿除，布 $\phi14$ 锚筋，间距 0.75m，结合面用高压水清洗干净后，闸墩每侧现浇 15cm 厚 C25 钢筋混凝土	将闸墩碳化层 5cm 凿除，用高压水清洗干净后，挂钢丝网，喷射 C30 混凝土 5cm
可比工程量	现浇 C25 钢筋混凝土/m³	3000（单价 1032 元/m³）	
	锚筋/t	23（单价 5500 元/t）	8.0（单价 5500 元/t）
	喷射 C30 混凝土/m³		1000（单价 750 元/t）
	凿除混凝土/m³	2000（单价 210 元/m³）	2400（单价 210 元/m³）
可比投资/万元		364.3	121.4
主要优缺点	优点	1. 施工质量有保证； 2. 工程耐久性好； 3. 整体外观较好	1. 节省投资； 2. 未增加原结构重量，对底板加固有利
	缺点	1. 投资稍大； 2. 增大了上部荷载，对底板加固不利	1. 工艺要求高； 2. 喷射混凝土外观不好； 3. 工程耐久性不好

现浇混凝土方案不仅存在外观及耐久性较好等优点，且施工方便，施工质量容易得到保证，缺点是该方案投资稍大。喷射混凝土方案虽然解决了闸墩防碳化问题，投资亦较方案一节省，但其存在外观差、施工时喷射回弹量较大、工艺要求高、耐久性差等问题。综合比选，推荐采用现浇混凝土方案。

2. 闸底板碳化处理

拆除原底板上的低堰及分水槛之后，将整块底板加厚 0.4m，以提高底板整体抗弯强度。为保证新加混凝土与原混凝土的紧密结合，在新老混凝土间设锚筋（$\phi16@500mm$），用高压水对老混凝土凿毛面清洗干净后，抹 WSI 界面剂，以增加抗剪强度。通过上述处理，既满足了结构强度要求，同时也解决了原底板混凝土碳化等问题。

3. 下游消力池处理

下游消力池长 20.5m，底板厚度 0.7～1.0m，表面冲刷严重，大部分石子裸露，凹凸不平，且分缝大小不一，斜坡段裂缝较多。消能计算结果表明在设计和校核洪水工况下均不需要消力池。消力池的处理方法是先对裂缝灌浆，再将原混凝土碳化层凿除，上部新浇 40～20cm 钢筋混凝土，新老混凝土的结合面设 $\phi14$ 锚筋，间距 1.0m，并将消力齿加固为消力坎，坎顶高程 19.40m。

4. 碳化层凿除

闸墩表面碳化层采用风镐凿除。沿闸墩四周设双排钢管排架，每隔 1.8m 左右设立操作平台，碳化层由墩顶向下依次施工，碳化层凿除到新鲜混凝土面为限，凿除深度一般在

5～8cm。对表面空洞、蜂窝及松动的部分全部凿除。

闸底板混凝土碳化层在闸墩上部混凝土拆除及碳化层和锚筋完成后进行施工。底板及消力池碳化层采用风镐凿除，局部结合人工凿毛。

图 5.2.5　加固改造前的××闸原貌

图 5.2.6　碳化层凿除后的××闸闸墩

图 5.2.7 外包混凝土浇筑完成后的闸墩

图 5.2.8 2003 年 7 月特大洪水通过××闸

图 5.2.9　加固改造完成后的××闸全貌

5.3　水工混凝土冻融加固修复技术

5.3.1　概述

由于混凝土抗冻性主要取决于其孔隙率、孔结构及孔的水饱和程度，因此，提高混凝土抗冻性也主要从降低混凝土孔隙率、改善混凝土孔结构着手，配制高密实度的高性能混凝土。水工混凝土冻融加固修复时应根据混凝土冻融形成的机理、影响因素及工程部位的不同，采用合适的混凝土冻融防治措施。

视建筑物种类和冻蚀结构部位的不同，同样冻蚀深度和范围的冻融破坏，对建筑物的危害程度上会有很大差异。对于大体积混凝土重力坝，几个厘米的冻蚀如果发生在坝体的上下游面，除影响美观外尚不致造成灾害性事故；但若发生在大坝溢流面，就会诱发高速水流下的冲刷气蚀破坏，危及安全运行。若发生在水库溢洪道底板，也会带来严重的后果，因此，必须及时修补处理。对于支墩坝和连拱坝等，冻蚀达到一定深度也会影响结构的安全，必须进行及时的修补，甚至加固。对于一般的水工钢筋混凝土结构，如墩、板、柱，冻融剥蚀会使保护层减薄甚至钢筋外露，诱发钢筋锈蚀；或者减小结构的有效承载面积，使其承载力降低。

一般来讲，混凝土的冻融剥蚀破坏进程比较缓慢，初期阶段易被忽视，直到显露出明显特征才被发现。冻融破坏发生后，首先要明确在特定工程条件下引发和控制冻融破坏、发展的主要因素，分清其中的可消除因素。根据工程维护管理资料确定或估计冻蚀的发展速度（年剥蚀深度），分析冻融现状（深度和范围）以及今后可能的发展对建筑物危害性的大小，最后判断修补处理的必要性及轻重缓急或采取适当的防护措施。

5.3.2 冻融加固修补材料

修补材料首先应满足工程所要求的抗冻性指标,对于有抗冻要求的结构,应按照 SL 191—2008《水工混凝土结构设计规范》规定,根据气候分区、冻融循环次数、表面局部小气候条件、水分饱和程度、结构构件重要性和检修条件等选定抗冻等级。在不利因素较多时,可选用高一级的抗冻等级。配制高抗冻性混凝土,可从以下几方面考虑。

1. 合理选择水泥品种、强度等级

水泥类材料的强度和工程性能,是通过水泥砂浆的凝结、硬化形成的,水泥石一旦受损,混凝土的抗冻性就会受到影响。因此,水泥的选择需注意水泥品种的具体性能,选择水化热低,干缩性小,抗冻性好的水泥,并结合具体情况选择水泥强度等级。

混凝土的抗冻性随水泥活性增高而提高。普通硅酸盐水泥混凝土的抗冻性优于混合水泥混凝土,更优于火山灰水泥混凝土的抗冻性。混凝土集料对抗冻性的影响主要体现在集料吸水量的影响及集料本身抗冻性的影响。

我国生产的水泥大部分掺混合材,且掺量较大,很多单位就水泥品种对混凝土抗冻性的影响进行了试验研究,得出较为一致的结论是水泥品种对混凝土抗冻性有一定影响,且随水泥中混合材掺入量的增加,混凝土的抗冻性降低。原水电部东北勘测设计院科研所的试验成果指出:水灰比为 0.6 的混凝土试件,经过同样的冻融次数,硅酸盐水泥混凝土强度损失最小。中国铁道科学研究院的试验表明,不同品种水泥制成的混凝土,其抗冻性差异较大。水灰比为 0.50 的普通硅酸盐水泥混凝土可经受 150 次以上的冻融试验,而同样条件下矿渣水泥混凝土只能承受 50 次,对矿渣掺量很大的低熟料矿渣水泥混凝土则不足 25 次。应该指出的是,上述试验结论主要是针对非引气混凝土,对于引气混凝土,水泥品种对抗冻性的影响没有这么明显,而美国等国家的混凝土多采用引气混凝土,也许是国内外试验结果差异的一个因素。

2. 控制混凝土的水灰比

水灰比决定混凝土组织致密性,也即是决定孔结构特性的基本因素,水分的冻结与混凝土细孔径具有相关性。水灰比越低(一般不超过 0.55),在好的养护条件下,混凝土越致密,抗冻性也越好。

水灰比是设计混凝土的一个重要参数,它的变化影响混凝土可冻水的含量、平均气泡间距及混凝土强度,从而影响混凝土的抗冻性。水灰比越大,混凝土中可冻水的含量越多,混凝土的结冰速度越快,气泡结构越差,平均气泡间距越大,混凝土强度越低,抵抗冻融的能力越差。可见,水灰比是影响混凝土抗冻性的主要因素之一,水灰比越大,抗冻性越差,但水灰比在 0.45~0.85 范围内变化时,不掺引气剂的混凝土的抗冻性变化不大,只有当水灰比小于 0.45 以后,混凝土的抗冻性才随水灰比降低而明显提高。水灰比小于 0.35 完全水化的混凝土,即使不引气,也有较高的抗冻性,因为除去水化结合水和凝胶孔不冻水外,混凝土中的可冻水含量很少。

当混凝土抗冻等级 $F \leqslant 150$ 时,最大水灰比应不大于 0.55,当抗冻等级 $F = 150 \sim 250$ 时,最大水灰比按 0.45~0.50 控制;当抗冻等级 $F > 250$ 时,最大水灰比应小于 0.45。

集料的孔隙率影响了水的扩散阻力,集料的饱水程度影响了它的容水空间。特别是采用较大粒径的集料,冻结时向外排出多余水分的通路较长,产生的压力较大,因而更易造成破坏。对于一些多孔轻质集料，孔隙中的水本身就可以冻结。它的孔隙率越大，饱水程度越高，它自身的抗冻性越差，因而导致混凝土的抗冻性能降低。不过集料颗粒中也含有大量空气，有些也可能起着空气泡的保护作用，因而轻集料混凝土也可能有相当良好的抗冻性。

3. 使用优质的矿物掺和料

掺入适量的优质掺和料，如硅灰、粉煤灰等，可以改善孔结构，可冻孔数量减少，冰点降低。此外，掺入适量的优质掺和料，有利于气泡分散，使其更加均匀地分布在混凝土中，因而有利于提高混凝土的抗冻性。

美国等国的试验结果表明，在强度和含气量相同的条件下掺与不掺粉煤灰的混凝土的抗冻性基本相同。中国水科院对粉煤灰混凝土抗冻性的试验结果，在等量取代的条件下，粉煤灰掺量为15%时，混凝土的抗冻性可得到改善，但当粉煤灰掺量超过一定范围时，混凝土的抗冻性反而下降。也有研究结果表明在粉煤灰掺量0~55%、引气量7.6%的试验条件下，得到了混凝土抗冻性随粉煤灰掺量增加而提高的结论。可见，粉煤灰对混凝土抗冻性影响程度，目前尚无统一的结论，但有一点是可以肯定的，对掺粉煤灰的混凝土，只要加入适量的引气剂，还是可以设计出高抗冻混凝土的。掺入硅粉的混凝土，由于改变了气泡结构，降低了气泡间距系数，从而可改善混凝土的抗冻性。但很多国家的试验表明，当硅粉掺量不超过10%时，混凝土的抗冻性有所提高，掺量为15%时其抗冻性基本相同，掺量超过20%时的抗冻性则会明显降低。

一些研究表明，在混凝土中加入少量10~60μm的空心塑料球，可以提高混凝土的抗冻性，还有一些空心颗粒也有这样的作用，其原理是用这些空心颗粒来代替引气混凝土的气泡系统。

4. 使用性能良好的外加剂

掺入引气剂是提高混凝土抗冻性最常用的方法。在混凝土中引入均匀分布的气泡对改善其抗冻性能有显著的作用，但必须要有合适的含气量和气泡尺寸。试验研究结果表明，如不掺入引气剂，即使水灰比降低到0.3，混凝土也是不抗冻的。但若掺入适量的引气剂，水灰比为0.5时，混凝土也能经受300次冻融循环。

使用高效减水剂，以大幅度降低水灰（胶）比，提高混凝土的强度和致密性。使用高效引气剂使混凝土中产生孔径小、间隔均匀的封闭气孔，提高混凝土的抗冻融性，并对有害应力具有缓冲性等。掺入水泥重量的0.5%~1.5%的高效减水剂可以减少用水量15%~25%，使混凝土强度提高20%~50%，从而也提高了混凝土抗冻性。

掺引气剂是提高混凝土抗冻性的主要措施。根据我国交通部一航局对天津新港北坡堤的调查可知，不加引气剂的混凝土使用15年即出现表面剥落等冻害现象，而加引气剂的混凝土则无冻害。日本研究成功一种非引气型表面活性剂，掺量为水泥重量的2%~4%时，这种表面活性剂可使混凝土的耐久性指数提高50%~90%。这种外加剂是烃基及醇基胺类化合物，其引气量虽少，但气泡很细且均匀分散，因此对提高混凝土抗冻性非常有利。

5. 加强早期养护或掺入防冻剂防止混凝土早期受冻

混凝土早期受冻是混凝土受冻害的一个主要问题，早期冻害直接影响混凝土的正常硬化及强度增长。因而冬季施工时必须对混凝土加强早期养护或适当加入早强剂或防冻剂严防混凝土早期受冻。另外，采用蒸汽养护的热养护方法来提高混凝土早期强度防止早期受冻。此外，保证混凝土必要的含气量，严格控制混凝土的施工质量及良好的养护条件，也是提高混凝土抗冻性的重要措施。

冬季常用的热养护方法有电热法、蒸汽养护法及热拌混凝土蓄热养护法。目前我国常使用的还是蒸汽养护法，但耗汽量很大。早强剂、防冻剂目前仍以氯盐、亚硝酸盐为主。三乙醇胺复合早强剂使用也较普遍。近几年我国开始研制和应用无氯盐早强碱水剂和防冻剂。中国建筑科学研究院混凝土研究所研制成功的 SJ 型早强碱水剂和防冻剂均不含氯盐和铬盐，对钢筋无锈蚀作用，在负温条件下使混凝土具有较强的抗冻害能力，从而能保证冬季正常施工。

采用树脂浸渍混凝土，可使大多数孔径降低到 5nm 以下，使可冻孔数量减少，混凝土抗冻性提高。试验结果表明，在其他条件相同的情况下，未经浸渍的混凝土经过 100 次冻融循环后，质量损失达 29.6%，经过 150 次冻融循环后试件就崩溃了。而经浸渍的混凝土经过 700 多次的冻融循环后，试件完好，其质量损失仅有 0.375%。

5.3.3 冻融混凝土处理措施

对遭受冻融破坏的混凝土建筑物，目前均按照"凿旧补新"法进就行修补，即将已遭冻融破坏的混凝土全部凿除，回填具有高抗冻性能的优质修补材料。

1. 混凝土冻融剥蚀处理方法

混凝土冻融剥蚀处理，一般采用回填法或贴衬法，在处理部位回填具有抗冻融能力的抗冻混凝土（砂浆）或聚合物混凝土（砂浆）。聚合物混凝土（砂浆）中的聚合物乳液做为辅加剂，它可部分取代或全部取代拌和水。而聚合物改性水泥砂浆的碱性与普通砂浆的碱性相同，具有保护钢筋的作用，聚合物胶乳有以下几个方面特性：作为减水塑化剂，在保持砂浆和易性良好、收缩较小的情况下，可以降低水灰比，可以提高砂浆与老混凝土的黏结能力，提高修补砂浆对水、二氧化碳和油类物质的抗渗能力，在一定程度上可以用作养护剂，增加砂浆的抗弯、抗拉强度。近几年来，黑龙江省水科院研制的 CD—R 乳液产品配置聚合物混凝土（砂浆）处理了部分跨渠交通桥、渡槽墩柱的冻剥蚀，得到了较好的应用效果。修补材料 CD—R 乳液产品，系聚丙烯酸酯乳液聚合物，由苯乙烯、丙烯酸、丙烯酸丁酯等单体聚合而成，理论最低成膜温度 $-9.5℃$。产品性能指标见表 5.3.1。

表 5.3.1　　　　　　　　　CD—R 乳液产品性能指标

名　称	性 能 指 标	名　称	性 能 指 标
固含量/%	45±1	黏度/(Pa·s)	0.12~0.16
pH 值	8~9	氯离子含量/%	0.2
聚合物砂浆强度/MPa	30~50	聚合物砂浆抗折强度/MPa	6.0~9.0
聚合物砂浆抗拉强度	2.5~4.0	聚合物砂浆黏结强度/MPa	6.0~9.0
聚合物混凝土抗冻性能试验		快冻法、冻融次数大于 300 次	

聚合物砂浆喷锚工艺适宜于喷射 2.0cm 的聚合物砂浆（混凝土）补强处理施工，其

特点是工序少，施工速度快，节省工期。湿喷工艺适宜于喷涂界面处理剂及厚度在 1.0cm 以下聚合物砂浆，适用于界面处理、混凝土表面防护、装饰处理。

无模板工艺浇筑聚合物细石混凝土，就是在处理部位植入锚筋、置挂钢筋网、钢丝网，以钢丝网代替模板，然后填筑流态聚合物细石混凝土，外部涂抹或喷涂 2.0cm 聚合物砂浆做保护层，聚合物混凝土最小贴衬厚度可达 3.0cm，该工艺特别适用于围裹式加固补强处理。

2. 冻融混凝土处理施工要点

通过对水工混凝土建筑的冻融破坏的诊断和危害性分析进行修补决策后，无论选用何种修补处理措施，都要对已发生冻融破坏区域的混凝土进行"凿旧补新"修补，即清除收到冻融作用损伤的老混凝土，浇筑回填能满足特定耐久性要求的修补材料。"凿旧补新"修补看起来简单，但要达到满意的修补效果并非易事，它要求修补设计者和施工人员具有丰富的工程修补实践经验和关于修补材料性能的知识。

（1）清除损伤的老混凝土。必须彻底清除受到冻融作用损伤的疏松混凝土，已保证修补材料与完好混凝土基面获得良好结合。推荐先采用圆片锯切槽划出要清除混凝土的范围，以便形成规则的边缘。然后根据具体情况，用手工工具、轻型或重型冲击工具等，清除疏松混凝土。对大体积混凝土，当需清除的混凝土范围较大且较深时（大于 30~50cm）宜采用无声膨胀破碎或小型爆破为主，结合人工风镐凿除。但无论选用何种剥除工具和清除方法，都要保证不损害周围完好的混凝土。凿除厚度应该均匀，避免出现薄弱断面；周边应垂直表面切除，轮廓线宜构成凸多边形，且相邻两线的夹角应大于 90°。

（2）修补体与老混凝土结合面的处理。无论采用何种性能优良的修补材料，都不能省去对老混凝土基面的清理。因为任何加固的修补材料，都会由于结合面薄弱而发生脱落，导致修补工作失败。对老混凝土基面的额清理工作，包括去除表面松动混凝土或骨料，用高压水冲洗干净或用吸尘设备吸去表面的浮渣和粉尘，使基面洁净无油污。若采用水泥基修补材料，应使老混凝土基面吸水饱和，但表面不能有明水；若采用树脂基修补材料，则应做到表面干燥，或能达到修补材料可以接受的湿度要求。

在试验室条件下，直接在准备充分的混凝土基面上浇筑修补材料并做好养护，即可使修补体与老混凝土之间获得较高的黏结强度。但是在现场条件下，最好采用结合面黏结涂层和埋设锚筋。是因为在现场条件下，混凝土基面清理的合格率和养护条件均劣于试验室，而且修补体在初期受环境气温变化的影响。在修补材料凝结固化过的强度的过程中，材料的自生体积变形（固化收缩）、干缩变形和温度变化，会使修补体中央区域产生拉应力，在边缘区域结合面产生剪应力。当剪应力大于剪切面的剪切强度时，修补体与老混凝土在结合面边缘区域首先脱开，并逐渐发展到中央区域，最终使修补体从老混凝土基面上剥离或脱落。修补材料完全凝结固化后，若结合面黏结强度低，仅温度变化所引起应力的反复作用就可能使修补体脱落，特别是当修补材料为树脂基时更易发生脱落现象。这样的工程实例在以前的水电工程修补中除险较多，所以在现场的条件下，采取适当措施增强结合面黏结强度，对保证修补成功是十分必要的。

在浅层修补时（厚度小于 10cm），若修补材料为水泥基，如水泥混凝土（砂浆）、聚合物水泥混凝土（砂浆），一般要在老混凝土基面上涂刷一层水泥净浆、聚合物乳液水泥净浆或界面处理剂作为结合面黏结涂层；若修补材料为树脂基，则可选用树脂基液作黏结层。必须引起足够重视的是，无论选用何种材料作黏结涂层，都要在其凝结固化或干燥之前的允许时间内浇筑修补材料。如果由于施工延误黏结涂层凝结固化或干透，那么将会严重降低黏结力，甚至不如不用黏结涂层。在高温高蒸发环境下，水泥净浆或聚合物乳液水泥净浆干燥后，试图再打湿处理或在干燥的涂层上第二次涂刷黏结涂层都是徒劳的。在这种情况下，必须在彻底清除干透的涂层后，再涂刷新涂层，才能获得满意的黏结强度。树脂基液涂层的允许暴露时间可根据工程需要调整，一般比水泥净浆长。如果施工中存在不可避免的延误使已涂刷好的树脂基液涂层得不到修补材料的及时覆盖，则可在涂层仍处于半黏稠状态时铺上一层粗砂。涂层完全固化后，表面形成粗糙毛面，为下一步施工提供有利条件。

在厚层大规模修补时（厚度大于 10cm），通常要先铺一层水泥砂浆作为结合面黏结层。有时还要埋设锚筋，在新浇混凝土中加设钢筋网，以增加混凝土修补体与老混凝土的结合强度以及修补体的抗裂性和耐久性。如云峰大坝溢流面混凝土冻融破坏修补加固工程，挖除表层 30cm 已冻融风化的混凝土，然后回填浇筑一层厚 50cm 的钢筋混凝土。修补体钢筋网钢筋直径 $\phi 16 \sim 19mm$，纵横间距 30cm。新老混凝土接合面埋设了间距 60cm、$\phi 22mm$、深 1.5m 的螺纹钢筋与修补体钢筋网连接。工程实践证明，采用喷射混凝土（砂浆）、预填骨料混凝土、流态混凝土修补时，可以省去铺设砂浆黏结层。

（3）修补材料的浇筑回填。浇筑回填修补材料宜分层施工，且在上一层修补材料浇筑完成之后尚没有初凝或完全固化之前接着浇筑下一层。如果在层与层之间的施工中出现了延误，应将层面凿毛。在恢复施工时，还要涂刷或铺设新的黏结层。砂浆类修补材料每一层的厚度一般为 1～2cm。混凝土类修补材料每一层的厚度以能充分振捣密实为宜。

（4）养护。树脂基修补材料固化时间短，强度增长快，除在环境气温骤降情况下需要采取修补措施外，一般完成修补后在固化期通常不需要任何的养护措施。水泥基修补材料强度增长较慢，需要加强前期的潮湿养护，以防止修补体和结合面黏结层在尚未能获得足够的抗力之前遭受损害或早期发育不良。如早期水分蒸发过多导致修补体发生干缩裂缝、起皮脱落或表面质量下降，特别是对于浅层修补更是这样，早期受冻会使修补体混凝土（砂浆）的内部结构严重受损，造成不可恢复的质量下降。

5.3.4　工程案例

案例 1：××渡槽排架柱冻融处理

××渡槽排架柱表面风化剥蚀较为严重，直径约 100cm，由于当时技术水平所限，混凝土未采取抗冻融措施，在常年水位波动区（50～70cm）部位，排架柱混凝土表面冻融剥蚀严重，剥蚀厚度 10～20cm，剥蚀部位混凝土已粉化、钢筋裸露、锈蚀（如图 5.3.1、图 5.3.2 所示）。部分排架柱表面延顺筋方向出现裂缝，迹象表明混凝土内部钢筋已经锈蚀。由于剥蚀缺陷使排架柱的荷载截面减少了约 20％～40％，加之目前排架柱混凝土的强度可能远远低于当时的设计的安全强度，就桥桩现状来看，已直接影响渡槽的运行安全，考虑病害发展，对该工程的排架柱应及时进行补强加固处理，以保证工程安全及使用寿命。

图 5.3.1　剥蚀破坏情况　　　　　图 5.3.2　清理表面、钢筋除锈

处理过程及要求：处理方式采用围裹加固无模板工艺浇筑聚合物细石混凝土，其过程如下：

围堰工程及排水 ——→ 凿毛 ——→ 钢筋除锈 ——→ 界面处理 ——→ 置挂钢丝网 ——→ 填补聚合物混凝土（砂浆）——→ 拆除围堰

1. 围堰工程及排水

要求围堰内要有足够的施工场面，围堰与排架柱距离应在 1.5～2.0m，保证降水或排水水位降至处理部位 50cm 以下，并保证处理完成后 24h 内不被淹没。

2. 凿毛处理

凿毛要求凿除表面松动物，凿除量不易过大过深，深度控制在 10～20cm，以保证工程安全。

3. 钢筋除锈、界面处理、置挂钢丝网

钢筋除锈先清除表面氧化皮，然后涂刷除锈剂除锈、清洗。置挂钢丝网视实际情况某些部位需锚筋后再置挂，以保证钢筋网稳固，界面处理剂涂抹要求均匀、连续，涂抹面积须大于 90%。

4. 填补聚合物砂浆

填补聚合物砂浆要分层填补，每层厚度不宜大于 3.0cm，视现场情况，某些部位可考虑填筑大流动度砂浆或细石混凝土。

5. 砂、石、水泥等原材料的要求

砂子要求为中砂、质地坚硬含泥量小于 1.0%，含水量控制在 5% 以内，其他指标符合水工混凝土施工规范。水泥要求用普通硅酸盐 P.O.32.5R，各项指标符合国标要求。

6. 工期

渡槽所跨渠道每年 4 月 20 日过水，10 月 20 日停水。如从 4 月 1 日开始计仅有 20 天时间，这期间扣除因气候及温度变化影响 3～5 天时间，有效工期仅为 15 天。加固工程施工自 2004 年 4 月 5—15 日结束，不计前期和后期的围堰工程，处理工期仅用 11 天，得到了很好的处理效果（见图 5.3.3、图 5.3.4）。

图 5.3.3　锚固钢筋　　　　　图 5.3.4　置挂钢筋网

渡槽所跨渠道每年 4 月 20 日过水，10 月 20 日停水，处理施工期只能安排在 4 月 20 日前或 10 月 20 日后。有几年处理施工期都安排在 4 月 1—20 日，这期间当地日平均气温为 0～5℃，受气候变化影响，有时最低气温可达−10℃，渠道还未完全解冻，某些部位混凝土还处在冻结状态。在此温度条件下，修补材料硬化基本能满足要求，但由于温度低，强度发展较慢，前期围堰工程难度较大，构筑质量不是很好，施工过程中水位控制难度大、排水量大。处理的工程或部位经过 2～3 年工程运行期的考验，未发现裂缝或剥蚀，外观状态很好，其长期效果及耐久性有待在今后运行中验证，如图 5.3.5 所示。

图 5.3.5　处理后的桥墩

案例 2：南水北调中线京石段渠道项目（××）标工程

本工程位于河北省石家庄市西北郊，内容包括 4845.12m 渠道（桩号范围：239＋036～243＋881.120）和 6 座交叉公路建筑物。工程等级为 I 等，总干渠渠道和建筑物主体为 1 级建筑物，本标段渠道防洪标准按照 100 年一遇洪水设计，300 年一遇洪水校核；地震设计烈度 6 度。

本渠道工程的设计流量 170m³/s，加大流量 200m³/s，渠内设计水深 6.0m。渠道均为土渠段，过水断面为梯形断面，断面采用全挖方和半挖半填形式，在渠道过水断面变化处设扭坡渐变段。渠道过水断面采用全断面现浇混凝土衬砌。衬砌高度在半挖半填渠道段衬砌至堤顶，在挖方渠道段衬砌至一级马道。衬砌厚度，边坡 10～15cm，底板 8～15cm。衬砌板下铺复合土工膜加强防渗，防渗层下面铺设沙砾料防冻胀。一级马道以上渠坡防护，内外坡均采用六角空心混凝土框格，框格内覆土并植草。在河滩地段（设计桩号 240＋500～243＋881.12 段）渠堤外坡采用现浇混凝土板衬砌。

工程 2006 年开工，经过 2009 年 4 月初期通水运行后，渠道混凝土衬砌板在水位波动区出现部分条状冻融剥蚀，冻融情况见表 5.3.2。

表 5.3.2　　　　　　　　　　　　　　渠道衬砌冻融情况表

序号	类别	部位	桩　　号	剥落厚度/mm	累计剥落面积/m²	处理时间/(年.月.日)	处理结果
1	Ⅰ类	渠道左坡	239+420－239+516	1-3	12.45	2009.10.29	合格
			240+496－240+592				
			240+688－240+784				
			240+880－240+976				
			241+396－241+436				
2	Ⅰ类	渠道右坡	239+324－239+420	1-3	28.08	2009.10.29	合格
			239+612－239+708				
			240+476－240+572				
			242+108－242+204				
			242+068－243+164				
3	Ⅰ类	渠底	239+036－239+132	1-3	28	2008.04.24	合格
			239+228－239+324				
			239+612－239+708				
			242+012－242+108				
			242+300－242+396				

从该部位的剥蚀情况及发现的时间来看，该部分剥蚀是由于在冬季通水期间与渠道边坡长期接触，结合部发生反复冻融造成。

根据《关于南水北调中线京石段应急供水工程（河北段）总干渠渠道衬砌混凝土板剥蚀处理的设计通知》，处理工艺如下：

（1）施工前采用钢丝刷刷除冻融部位表面浮层的污物、尘土和松软脆弱部分，并对基面人工凿毛，清除厚度不小于 7mm 至新鲜混凝土面，然后用清水冲洗干净，施工前是施工面处于饱和状态，在薄层修补区边缘凿一道深 3cm 齿槽，增加修补面与旧混凝土的粘结。

（2）先用丙乳净浆打底，丙乳净浆配比中丙乳与水泥质量比 1∶2。净浆涂刷后立即摊铺搅拌均匀的丙乳砂浆，用力压实随后抹面，抹面时相同一方向抹平，不来回多次抹面，不须二次压光。

（3）丙乳砂浆抹面后 4h 左右用薄膜覆盖养护，使砂浆面层始终保持潮湿状态 7 天。中午阳光强烈时进行洒水湿润养护。

（4）丙乳砂浆配比：灰砂比 1∶2（重量比），丙乳掺量为水泥用量的 23%～27%。施工过程中，每次拌和的丙乳砂浆应在 30～45min 内用完。

处理后，效果良好。

案例 3：××水库溢洪道底板冻融剥蚀处理

××水库位于北京市，是永定河支流清水河上以防洪为主的水库。控制流域面积 354km²，总库容 5500 万 m³，拦河坝为均质土坝，最大坝高 58m。溢洪道布置在土坝左侧（北岸），最大泄量为 2071m³/s，共 2 孔，配弧型钢闸门。

水库建成 14 年后（1985 年）检查发现，溢洪道混凝土底板冻融破坏严重。泄槽段北侧混凝土底板成片剥落，有些地方虽未剥落但已剥离，局部石子剥落，最深达 2～3cm，破坏面积达 98.3%。南侧混凝土底板亦开始剥蚀破坏，严重破坏面积约占 32.4%。整个泄槽底板裂缝多达 41 条。

为消除工程隐患，确保水库安全泄洪，延长工程寿命，决定对溢洪道底板进行修补处理。初步提出的修补方案为以下内容：

（1）将溢洪道表面混凝土凿去 10cm，除去表层钢筋，浇筑厚 30cm 混凝土，并加表层钢筋。修补后，底板厚度由原来的 50cm 增加到 70cm，原底板横缝间距由 15.0m 缩短为 7.5m。

（2）将溢洪道表面混凝土底板凿除 1～2cm，用丙乳水泥砂浆抹面处理。

方案 1 工程量较大，处理复杂，总造价约 50 万元。修补方案 2 比较简单，工程量小，正好利用了丙乳水泥砂浆抗裂性好、耐磨损、抗冻融、抗渗性好、与老混凝土黏结强度高等适合混凝土表面薄层修补的优点，但砂浆表面平整度不易掌握。经比较，最终采用了丙乳砂浆修补方案，工程节约投资 30 万元。

现场修补施工于 1986 年 6 月完成，总面积 3300m²，在施工前曾进行过室内及现场试验，选定丙乳砂浆的配合比为：水灰比 0.30，灰砂比 1∶2，乳液掺量为水泥用量的 28%。为保证丙乳砂浆与基底黏结牢固，要求对混凝土表面进行人工凿毛处理，并用高压水冲洗干净，待表面呈潮湿状，无积水时，涂刷一层丙乳砂浆，并立即摊铺拌匀的丙乳砂浆。铺设丙乳砂浆分两层进行，第一层为整平层，平均厚度 1cm，第二层为面层，平均厚度 0.8cm。为增加整平层和基底的黏结强度，施工人员穿胶靴在摊铺好的丙乳砂浆层上踏踩一遍，然后用木抹子拍实抹平（面层还需用铁抹子抹光）。抹光操作半小时后，砂浆表面成膜，立即用塑料布覆盖，24h 后洒水养护，7 天后自然干燥养护。

施工所用水泥为 525 早强普硅及部分 425 普硅水泥。水灰比和乳液水泥用量比分别在 0.28～0.312 和 0.26～0.28 范围内调整。现场取样 25 组，84～109 天龄期平均抗压强度为 34.6MPa，均差方 S＝7.9MPa，离差系数 CV 为 0.23；平均抗折强度为 34.6MPa，均方差 S＝3.14MPa，离差系数 CV 为 0.28；抗冻等级 F200～F300，可见现场施工的离散性相当大，其中所用水泥标号的差异仅是造成施工离散性大的部分原因。

1994 年 9 月，在溢洪道底板修补完成 8 年后，研究人员对修补效果进行了现场检查。溢洪道北侧混凝土底板原来剥蚀破坏比较严重，经丙乳砂浆彻底抹面修补后，经过 8 年时间表层仍然完好，无剥离、剥落现象。有数块底板表面呈龟裂，可能是施工时养护不当所致。溢洪道水平转弯段南侧混凝土板约 300m² 砂浆表层鼓起，成片剥离、脱落。该处高程低于北侧，有明显积水痕迹。大片剥落的砂浆层厚约 2cm，外表面亦无起毛、脱皮现象。仔细观察可以发现剥落层由两层砂浆组成，上层颜色较深，下层颜色较浅。据现场工作人员核查该处修补时仅涂抹了几毫米厚的丙乳砂浆或净浆，浅颜色层为原混凝土砂浆层。从剥落砂浆层和混凝土基底结合面的光滑程度来看，似乎基面未经凿毛处理。砂浆层大片剥落可能是由于其与混凝土基底结合不牢，结合面间隙进水，冬季水结冰产生冻胀造成的。调查中还发现有几块底板的丙乳砂浆层呈现规则细小裂缝，把底板裂为 4 块或 6 块，可能是由于原混凝土底板裂缝开合变化所致。

通过实地调查可以得出结论：用丙乳砂浆修补水库溢洪道底板冻融剥蚀破坏，历经 8 年考验证明是成功的。

5.4　水工混凝土溶蚀加固修复技术

5.4.1　概况

混凝土是以水泥为胶结材料，砂石为骨料，由水泥水化产物将骨料黏结成整体并具有一定强度和抗渗性能的建筑材料。混凝土长期与水接触，其中的 CaO 在压力渗水的作用下溶解析出生成才 $Ca(OH)_2$ 而被带走，在渗水出口处与 CO_2 气体反应生成 $CaCO_3$ 白色结晶体，标志着混凝土已发生病变。混凝土中的 CaO 不断被渗水溶解带走后，孔隙率增加，渗透性增大，溶出性破坏逐步加重，混凝土因丧失胶凝性，强度和抗渗能力逐渐下降。有资料表明，当混凝土中 CaO 被溶出 25％时，抗压强度将下降 36％，抗拉强度将下降 66％；当 CaO 被溶出 33％时，混凝土变得酥松而失去强度。

混凝土遭受溶蚀破坏的程度，既取决于混凝土本身的结构状况，又与环境水质有着密切关系。混凝土越密实、渗透性越小，抗溶蚀能力就越强；若组成混凝土的水泥具有抗侵蚀性，其抗溶蚀能力就比较强；如果环境水质具有较强的侵蚀性，则混凝土更易遭受溶蚀破坏。

5.4.2　混凝土溶蚀的加固处理措施

混凝土溶蚀的危害性与其所处部位的结构重要性有关，溶蚀不仅会显著降低溶蚀区混凝土的强度，而且容易对混凝土内的钢筋产生锈蚀。由于溶蚀的长期性和隐蔽性，会严重危害混凝土的整体刚度和坝体的蓄水安全。特别是贯通性溶蚀，会造成坝体集水廊道渗漏严重，影响工程的正常运用。为了防止溶蚀对混凝土结构的危害，根据溶蚀发生的部位和形态采取相应的加固处理措施。通常情况下，混凝土溶蚀主要包括接触溶蚀和渗透溶蚀两大类，接触溶蚀主要发生在建筑物分缝及建筑物临水侧；渗透溶蚀常伴随混凝土块体内的渗漏通道不断侵蚀扩大。鉴于以上不同的溶蚀形态，相应采取不同的加固处理措施，接触溶蚀常采用凿除并修补混凝土的措施，渗透溶蚀常结合防渗要求综合考虑。从溶蚀发生的水环境角度分析，减少环境水的 CO_2 含量，降低环境水的腐蚀性也是防溶蚀的可靠措施。

根据建筑物不同部位的溶蚀机理、分布规律和病害特点，可以采用不同的加固治理措施，按浆砌体缝隙内砂浆及混凝土块体等不同的溶蚀介质采取针对性的治理措施。

5.4.2.1　改良优化混凝土集料

改良混凝土集料适宜防渗及抗溶蚀要求较高的混凝土工程。通过严格筛选低碱性混凝土集料，选用耐溶蚀的高性能水泥，掺加超细粉煤灰及矿渣等材料，减少水泥用量，相应减少 CaO 的总体含量，从而提高混凝土的整体抗溶蚀性能。

水泥应尽可能采用矿渣或火山灰硅酸盐质，粗骨料采用非碱性骨料，砂采用化学稳定性可靠的砂，拌和水采用洁净中性水，避免酸碱性偏大的水。

混凝土中掺加石灰石粉有利于提高混凝土的抗软水表面接触溶蚀特性。试验研究表明，石灰石粉作掺和料有利于促进水泥的后期水化作用，由于一般掺和料会加大混凝土单位水泥中总盐的溶出量，而石灰石粉作掺和料可以减少混凝土中 CaO 的相对溶出量，因此石灰石粉替代粉煤灰作掺和料对混凝土的抗软水表面接触溶蚀更加有利。

新型 CaO 类膨胀剂掺入比适当也能提高混凝土抗溶蚀性能。试验结果表明，CaO 膨胀剂掺量为 2％时混凝土中的 Ca^{2+} 溶出量最小，为基准混凝土的 91％，因为掺加 2％的 CaO 膨胀剂改善了混凝土的渗透性能；CaO 膨胀剂掺量超过 2％时，混凝土中的 Ca^{2+} 溶出量大于基准混凝土，过高的膨胀剂掺量会导致混凝土抗溶蚀性能变差；溶蚀后试件的变形均表现为收缩，随着 Ca^{2+} 溶出量的不断增加，试件的收缩值逐渐增大，相同龄期时，掺加 2％CaO 膨胀剂的胶砂的收缩值显著小于基准配合比胶砂的收缩值。

通过对水泥净浆和水泥砂浆的接触溶蚀试验，可知水泥基材料中发生溶蚀的主要部位是其中的硬化水泥浆体，但由于砂、石等其他材料的加入，可能改变其扩散性能。其次通过对不同粉煤灰掺量、不同外加剂掺量的水工碾压混凝土的接触溶蚀试验，得出影响混凝土接触溶蚀性能的最重要的两个因素：一是混凝土的密实性；二是胶凝材料的化学成分。适量掺入憎水性外加剂可以使混凝土抗接触溶蚀性能加强；此外，适量的粉煤灰掺量也可以增加混凝土抗接触溶蚀性。

通过对碾压混凝土在不同水力梯度作用下的渗透和溶蚀特性的试验研究，得到渗透系数与碾压混凝土龄期的关系、渗透系数与碾压混凝土渗透历时关系等，提出了临界水力梯度。临界水力梯度定义为：一定厚度的混凝土承受的作用水头超过某值后，其内部结构开始发生破坏，造成渗透流量、渗透系数随时间的延长而增大的水力梯度。混凝土的渗透系数越小，临界水力梯度越大。

碾压混凝土渗透溶蚀耐久性研究结果表明，影响混凝土渗透溶蚀的主要因素是混凝土的不透水性及水力梯度。当渗透水无化学侵蚀性时，随着渗透时间的延长，渗透液的 pH 值有所降低，但仍高于 11。随着混凝土龄期和渗透历时的延长，其渗透系数减小，混凝土渗透液的 pH 值将逐渐稳定。水的渗透导致部分 CaO 或 SiO_2 从混凝土中溶出，但溶出量随着渗透时间的延长逐渐减少并趋于稳定。混凝土中胶凝材料 CaO/SiO_2 比值接近于 1时，混凝土发生物理渗透溶蚀较少，即较稳定。根据混凝土渗透溶蚀出的 SiO_2 和 CaO 的数量以及相应的允许溶出量，可估算混凝土的渗透溶蚀耐久性。

混凝土在软水作用下的溶出性侵蚀直接关系到处于该环境下的建筑结构的耐久性和安全性，而近年来国内外对此问题的研究较少，且尚无统一的溶蚀试验方法，鉴于不同方式的溶蚀试验结果有明显差异，甚至有矛盾，从溶蚀的动力学条件出发，以渗透和表面接触两种溶蚀方式为基础分别建立试验方法，通过室内加速模拟试验研究混凝土的溶蚀过程及溶蚀特性，确定混凝土抗溶蚀性的评价指标，评价混凝土的抗溶蚀性能。由于渗透溶蚀与接触溶蚀的机理不同，需采用不同的试验方法和指标评价其抗溶蚀性。相应的溶蚀加固处理措施也不尽相同。

改良混凝土集料，适当添加石灰石粉、粉煤灰，控制胶凝材料 CaO/SiO_2 比值，增强混凝土的密实性，减小混凝土渗透性，均可以减小混凝土的溶蚀危害。

根据优化集料的不同方案，可以附相应的优化集料方案及图片资料。

5.4.2.2 防溶蚀隔离保护

防溶蚀隔离保护措施适宜处理大面积的易溶蚀混凝土，可以整体提高混凝土的抗溶蚀性能。在大块体混凝土临水表面外包防渗膜或防渗涂层，减少混凝土块体内含水量和 CO_2 的溶入量，降低混凝土块体内软水的溶蚀性，从而显著降低混凝土的溶蚀程度。在大块体背水侧增强透水性，降低混凝土内部的浸润线高度，减少混凝土在软水中的浸润体积，从而减少混凝土的整体溶蚀程度。

防溶蚀隔离保护措施包括防渗膜、防水隔离卷材、防水涂层、人工预碳化处理及特种砂浆或高性能混凝土外包等。

（1）防渗膜。防渗膜可采用耐腐蚀抗老化的 PVC、PP、PE 等各类土工膜或复合土工膜。通过热接密封到被保护的混凝土大块体表面，防渗膜外侧采用混凝土或砂浆覆盖并保护，避免防渗膜老化损坏。可以附不同膜材的铺设要求、适用性、效果及图片等内容有待补充。

（2）防水隔离卷材。防水隔离卷材包括沥青防水卷材、高聚物改性沥青防水卷材、合成高分子防水卷材；沥青防水卷材包括纸胎、玻纤布胎、玻纤毡胎及麻布胎等类型防水卷材；高聚物改性沥青防水卷材包括 SBS、APP、SBR、再生橡胶等类型改性沥青防水卷材，以及 PVC 改性焦油沥青防水卷材；合成高分子防水卷材分为弹性体防水卷材及塑性体防水卷材；弹性体防水卷材包括三元乙丙橡胶、氯化 PE、氯化 PE 橡胶共混等类型的防水卷材；塑性体防水卷材包括 PVC、增强氯化 PE、CSP 氯磺化 PE、丁基橡胶等类型的防水卷材。具体防水卷材类型及材质分类见表 5.4.1。

表 5.4.1   **防水卷材类型及材质分类**

防水卷材分类	卷材材质	备注
沥青防水卷材	纸胎沥青防水卷材	
	玻璃布胎沥青防水卷材	
	玻璃毡沥青防水卷材	
	麻布胎沥青卷材	
高聚物改性沥青防水卷材	SBS 改性沥青防水卷材	
	APP 改性沥青防水卷材	
	SBR 改性沥青防水卷材	
	再生胶改性沥青防水卷材	
	PVC 改性焦油沥青防水卷材	
合成高分子防水卷材	三元乙丙橡胶防水卷材	弹性体防水卷材
	氯化聚乙烯—橡胶共混防水卷材	弹性体防水卷材
	聚氯乙烯防水卷材	塑性体防水卷材
	增强聚氯乙烯防水卷材	塑性体防水卷材

各类防水隔离卷材的铺设要求、适用性、效果及图片分别见有关资料和搜集内容。

（3）防水涂层。防水涂层主要是在混凝土表面采用单层或多层防水涂料进行涂抹或喷涂，从而形成可靠的封闭防渗屏障的防水保护措施，从而隔断软水与混凝土块体的直接接触，避免混凝土出现溶蚀破坏。按涂层厚度分为薄质涂层和厚质涂层；按施工方法分为刷涂法、喷涂法、抹压法和刮涂法；按防水层胎体分为单纯涂层和加胎体增强材料涂层，加胎体增强材料可采用玻璃丝布、化纤、聚酯纤维毡，可以制作成一布两涂、两布三涂或多布多涂等模式；按涂料类型可分为溶剂型、水乳型和反应型三类；按涂料成膜物质成分分为沥青基防水涂料、高聚物改性沥青防水涂料及合成高分子防水涂料三大类；按涂层功能分为防水涂层和保护涂层，防水涂层主要有聚氨酯、氯丁橡胶、丙烯酸、硅橡胶、改性沥青等。防水涂料分类图见表5.4.2。

表 5.4.2　　　　　　　　防水涂料类型及材质分类

防水涂料分类		涂料材质	备注
沥青类涂料		沥青涂料	溶剂型
		石灰膏乳化沥青	水乳型
		水性石棉沥青	水乳型
		乳化沥青或黏土乳化沥青	水乳型
高聚物改性沥青类涂料（橡胶沥青类）		溶剂型氯丁橡胶沥青	溶剂型
		溶剂型再生橡胶沥青	溶剂型
		水乳型氯丁橡胶沥青	水乳型
		水乳型再生橡胶沥青	水乳型
合成高分子防水卷材	合成树脂类	溶剂型丙烯酸酯	单组份
		水乳型丙烯酸酯	单组份
		反应型环氧树脂	双组份
		反应型焦油环氧树脂	双组份
	合成橡胶类	溶剂型氯磺化聚乙烯橡胶	单组份
		溶剂型氯丁橡胶	单组份
		水乳型氯丁橡胶	单组份
		水乳型丁苯橡胶	单组份
		水乳型丙烯酸酯胶乳	单组份
		水乳型硅橡胶	单组份
		反应型聚氨酯	双组份
		反应型焦油聚氨酯	双组份
		反应型沥青聚氨酯	双组份
		反应型聚硫橡胶	双组份
		反应型硅橡胶	双组份
聚合物水泥类			
水泥类			

防水涂层工程材料组成一般包括底漆、防水涂层、胎体增强材料及保护涂层等。其组成和作用见表 5.4.3。防水涂层类别及适用范围和厚度见表 5.4.4。

表 5.4.3　　　　　　　　　　防水涂层工程材料组成及作用一览表

项次	项目	主 要 材 料	作 用	备注
1	底漆	合成树脂、合成橡胶、橡胶沥青（溶剂型或乳液型）材料	刷涂、喷涂或抹涂于基层表面，用作防水施工第一阶段的基层处理	
2	防水涂料	聚氨酯防水涂料、丙烯酸防水涂料、橡胶沥青类防水涂料、氯丁橡胶类防水涂料、有机硅类防水涂料及其他	防水涂层的主要材料，使混凝土表面与水隔绝，对建筑物起到防水密封的作用，有时也起美化装饰作用	
3	胎体增强材料	玻璃纤维纺织布、合成纤维纺织物、合成纤维非纺织物等	增强防水涂层的强度，当基层发生龟裂时，可以防止防水涂层破裂或蠕变破坏，同时可以防止涂料流坠	
4	保护材料	外观保护材料、装饰涂料、保护缓冲材料	保护防水涂料免受破坏，并美化装饰建筑物外观	
5	隔热材料	聚苯乙烯板材等	起到隔热保温的作用，避免高温软水环境下加快混凝土结构块体的溶蚀	

表 5.4.4　　　　　　　　　　防水涂层适用范围和厚度规定

防水涂料类别	防水等级	使用条件	厚度规定/mm
合成高分子防水涂料	Ⅰ级	只能作为一道防水	≥2
	Ⅱ级	作为一道防水层	≥2
	Ⅲ级	单独使用	≥2
	Ⅳ级	复合使用	≥1
高聚物改性沥青防水涂料	Ⅱ级	作为一道防水层	≥3
	Ⅲ级	单独使用	≥3
	Ⅲ级	复合使用	≥1.5
	Ⅳ级	单独使用	≥3
沥青基防水涂料	Ⅲ级	单独使用	≥8
	Ⅲ级	复合使用	≥4
	Ⅳ级	单独使用	≥4

防水涂料包括无机防水涂料和有机防水涂料，无机防水涂料可选用水泥基防水涂料、水泥基渗透结晶型涂料等，无机防水涂料宜用于结构主体的背水面。常用的有水泥基渗透结晶型涂料 PQ-200、环氧树脂涂层及武大巨成护混凝土宝等。

无机防水涂料主要包括聚合物改性水泥基防水涂料和水泥基渗透结晶型防水涂料两大类。它是在水泥中掺有一定的聚合物，所以能不同程度地改变水泥固化后的物理力学性能，但它与防水混凝土主体组合后仍认为是刚性的两道防水设防，因此不适于变形较大或受震动部位的防水涂层。

无机防水涂料的性能指标应符合相关技术要求，详见表 5.4.5。

表 5.4.5 无机防水涂料的性能指标

涂料类型	抗折强度/MPa	黏结强度/MPa	抗渗性/MPa	冻融循环
水泥基防水涂料	>4	>1	>0.8	>D50
水泥基渗透结晶型防水涂料	≥3	≥1	>0.8	>D50

水泥基防水涂料涂层厚度宜为 1.5~2.0mm，或根据防护混凝土体积适当加厚；水泥基渗透结晶型涂料涂层不应小于 0.8mm；有机防水涂料可根据材料性能，厚度宜为 1.2~2.0mm。

有机涂料可选用反应型、水乳型、聚合物水泥防水涂料等。常用的有聚氨酯涂层、硅橡胶涂层、金汤 JS 复合防水涂层等。有机涂料宜用于结构主体的迎水面，用于背水面的有机防水涂料应具有较高的抗渗性，且与基层有较强的黏结性。

有机防水涂料主要包括橡胶沥青类、合成橡胶类和合成树脂类，常用的有氯丁橡胶沥青防水涂料、SBS 改性沥青防水涂料、聚氨酯防水涂料、硅橡胶防水涂料等。

有机防水涂料的性能指标应符合相关技术要求，见表 5.4.6。

表 5.4.6 有机防水涂料的性能指标

涂料类型	可操作时间/min	潮湿基面黏结强度/MPa	抗渗性/MPa			浸水 168h 后的拉伸强度/MPa	浸水 168h 后的撕裂伸长率/%	耐水性/%	表干/h	实干/h
			涂层/min	砂浆迎水面	砂浆背水面					
反应型	≥20	≥0.3	≥0.3	≥0.6	≥0.2	≥1.65	≥300	≥80	≤8	≤24
水乳型	≥50	≥0.2	≥0.3	≥0.6	≥0.2	≥0.5	≥350	≥80	≤4	≤12
聚合物水泥	≥30	≥0.6	≥0.3	≥0.8	≥0.6	≥1.5	≥80	≥80	≤4	≤12

注：1. 浸水 168h 后的拉伸强度和撕裂伸长率是在浸水取出后只经擦干即进行试验所得值；
2. 耐水性指标是指材料浸水 168h 后取出擦干即进行试验，其黏结强度及抗渗性的保持率。

有机防水涂料固化成膜后最终形成柔性防水层，与防水混凝土主体结合为刚性、柔性两道防水设防，是较普遍和可靠的防水涂层做法。

（4）聚氨酯防水涂层。聚氨酯防水涂料是地下工程防水效果较好的材料。它是双组份化学反应固化型的高弹性防水材料。其中甲组份是聚异氰氨酯、聚醚等材料在加热搅拌情况下，经过氰转移发生聚化反应制成的；乙组份是由固化剂、增塑剂、填充剂等材料，经过加热均匀搅拌混合而成。使用时，将甲乙组份按一定比例均匀拌和，方可进行涂刷。聚氨酯防水涂料施工前呈黏稠液态，涂布固化后，形成完整无接缝的弹性防水层，该防水层不但具有自重轻、耐水、耐高低温、耐腐蚀等性能，而且它的延伸性能高，对基层的伸缩或变形有较强的适应性。

聚氨酯防水涂层的施工材料主要包括聚氨酯防水涂料、无机铝盐防水剂、涤纶无纺布及聚乙烯泡沫塑料片材等。

聚氨酯防水涂料：聚氨酯防水涂料是聚氨酯防水措施中的主体材料，聚氨酯防水涂料属中高档双组份反应型厚质涂层，它由甲组份与乙组份按一定比例混合均匀搅拌后，涂布在基层上，经反应而成的一种胶状弹性防水材料。聚氨酯防水涂料主体材料特性见表 5.4.7。

表 5.4.7   聚氨酯防水涂料主体材料特性表

材 料 名 称	规 格/%	用 量/(kg/m³)	用 途
甲组份（预聚体）	−NCO=3.5	1~1.5	涂膜用
乙组份（固化剂）	−OH=0.8	1.5~2.25	涂膜用
底涂乙料	−OH=0.23	0.1~0.2	底膜用

无机铝盐（微膨胀型）防水剂：混凝土表面找平层中的掺加剂，它是由铝、铁、钙等无机高分子金属盐及多种无机盐类按一定比例配合，经化合反应制成的防水剂，呈淡黄色或褐黄色油状液体。将其掺入到混凝土表面水泥砂浆找平层中，经一系列化学反应，产生的物质能堵塞水泥砂浆的孔隙，阻断渗水通道，从而提高水泥砂浆基层的抗渗性能，减少软水对被保护混凝土块体的浸润机会，降低混凝土的溶蚀程度。

涤纶无纺布：又称聚酯纤维无纺布，由涤纶纤维加工制成，是混凝土结构阴阳角、变形缝等部位的附加增强材料。

聚乙烯泡沫塑料片材：由聚乙烯树脂和化学助剂等组成，经捏合、混炼、挤出成型和盐浴发泡等工序加工制成。其厚度一般为5~6mm，宽度一般为800~900mm。其主要用于地下结构外墙防水涂层的保护层。

（5）硅橡胶涂层。硅橡胶防水涂料兼有涂膜防水和渗透性防水材料两者的优良性能，具有良好的防水性、渗透性、成膜性、弹性、黏结性和耐高低温性，适宜冷作业法施工。

（6）金汤JS复合防水涂层。金汤JS复合防水涂料由有机液料和无机粉料复合而成的双组份防水涂料，是一种既具有有机材料弹性高又有无机材料强度和耐久性好的优点。施工材料：金汤JS复合防水涂料为双组份型，必须配套使用，一般液体每桶30kg，粉体3袋，每袋7kg。

（7）现行建筑防水材料分类及标准参考。现行建筑防水材料分类及标准参见表5.4.8。

表 5.4.8   现行建筑防水材料分类及标准

类 型	标 准 名 称	标 准 号	备 注
沥青和改性沥青防水卷材	石油沥青纸胎油毡、油纸	GB 326—2007	
	石油沥青玻璃纤维胎油毡	GB/T 14686—2008	
	石油沥青玻璃布胎油毡	JC/T 84—1996	
	铝箔面油毡	JC/T 504—2007	
	改性沥青聚乙烯胎防水卷材	GB 18967—2009	
	沥青复合胎柔性防水卷材	JC/T 690—2008	
	自粘橡胶沥青防水卷材	JC/T 840—1999	
	弹性体改性沥青防水卷材	GB 18242—2008	
	塑性体改性沥青防水卷材	GB 18243—2008	
高分子防水卷材	聚氯乙烯防水卷材	GB 12952—2011	
	氯化聚乙烯防水卷材	GB 12953—2003	
	氯化聚乙烯—橡胶共混防水卷材	GB 18173.1—2012	
	三元氯丁橡胶防水卷材	JC/T 645—2012	
	高分子防水卷材	GB 18173.1—2006	

类　　型	标　准　名　称	标　准　号	备　注
防水涂料	聚氨酯防水涂料 溶剂型橡胶沥青防水涂料 聚合物乳液建筑防水涂料 聚合物水泥防水涂料	GB/T 19250—2013 JC/T 852—1999 JC/T 864—2008 GB/T 23445—2009	
密封材料	建筑石油沥青 聚氨酯建筑密封胶 聚硫建筑密封胶 丙烯酸建筑密封胶 建筑防水沥青嵌缝油膏 聚氯乙烯建筑防水接缝材料 建筑用硅酮结构密封胶	GB/T 494—2010 JC/T 482—2017 JC/T 483—2006 JC/T 484—2006 JC/T 207—2011 JC/T 798—1997 GB 16776—2005	
刚性防水材料	砂浆混凝土防水剂 混凝土膨胀剂 水泥基渗透结晶型防水材料 钢板围封焊接整体防水	JC 474—2008 GB/T 23439—2017 GB 18445—2012	

（8）人工预碳化处理。人工预碳化处理是在混凝土表层进行碳化预处理，形成封闭坚韧耐腐蚀的水泥石骨架表层，降低混凝土表层的溶蚀性，保持表层软水的酸碱平衡，从而起到隔断内部混凝土溶蚀的作用。

（9）特种砂浆、封闭钢衬板或高性能混凝土外包措施。特种砂浆、封闭钢衬板或高性能混凝土外包措施是防止大体积混凝土内部的溶蚀的有效措施，采用高强耐腐蚀砂浆（可掺加环氧树脂、甲凝、丙凝或碳纤维等材料）、耐腐蚀封闭焊接的钢衬板或抗溶蚀性能可靠的混凝土外包在混凝土块体表层，隔断软水与混凝土块体的直接接触，减小被保护混凝土的溶蚀性。

5.4.2.3　水泥灌浆或回填灌浆

水泥灌浆或回填灌浆主要适宜处理深层贯通性溶蚀通道。水泥灌浆主要适宜处理贯通性溶蚀孔道，通过压注耐溶蚀的高性能水泥浆封堵溶蚀通道，减少或避免溶蚀进一步扩展；回填灌浆适宜处理孔洞较大的溶蚀通道，通过充填高性能混凝土或水泥浆，堵塞溶蚀通道，减少弱酸性水的渗入量，从而达到减小溶蚀的目的。

5.4.2.4　化学灌浆

化学灌浆是通过灌浆管将适宜的化学浆液注入溶蚀通道以封堵溶蚀孔洞，从而减少或避免溶蚀进一步扩展；化学浆材主要包括：Scarele CW 高渗透改性环氧系列液态双组份浆材、水玻璃堵漏等。

5.4.2.5　局部混凝土修补

局部混凝土修补适宜修补浅表性溶蚀。通过凿除浅表性溶洞溶穴，采用高性能混凝土修补加固。有关措施、效果及图片有待补充完善。

5.4.2.6　综合治理措施

由于混凝土溶蚀的必要条件是软水与混凝土接触并浸润，只有当混凝土块体中存在裂隙或渗漏通道，软水才能有机会与混凝土集料接触，从而溶蚀出可溶盐，导致混凝土块体溶穴溶隙不断发育，进而影响混凝土的结构及稳定安全。为此，必须首先封堵混凝土结构块体内的各类裂缝，对易碳化的混凝土表面进行防碳化处理。在进行混凝土结构裂缝及防碳化处理的同时，可以结合混凝土防水防溶蚀措施，采用封堵裂隙通道涂敷碳化保护层，综合治理混凝土的防溶蚀问题。

以上混凝土抗溶蚀处理措施可以根据工程重要性、水环境条件及抗溶蚀适用性，经过经济技术比较，合理选择一种或多种抗溶蚀处理措施进行针对性治理，确保水利工程混凝土具有可靠的抗溶蚀性能，提高混凝土的耐久性和使用功能。

5.4.3 工程案例

鉴于防溶蚀措施往往与其他病害处理措施综合运用，单独抗溶蚀措施应该首选优化混凝土集料的措施，然后采用防水防溶蚀隔离保护措施。一旦混凝土结构块体在长期运用过程中出现溶蚀破坏现象，其治理措施往往是局部的分散的，很难形成封闭完整的防水体系隔断混凝土与软水的接触。隔断混凝土与软水的接触，即采取混凝土防水措施，可以减少或避免软水对混凝土块体的浸润，是混凝土防溶蚀治理的关键。

案例一：广东省清远市某涵闸

广东省清远市某涵闸，涵闸洞身长度 46.5m，该涵闸共 4 孔，其中 2 孔为盖板式方涵，单孔尺寸 2.5m×2.5m，底板采用钢筋混凝土两孔整体浇筑，顶板采用单孔简支钢筋混凝土板，边墙及隔墙为浆砌石结构。该涵闸表面混凝土因运用年限较长，特别是长期的渗透水侵蚀，致使混凝土板边角呈麻面及局部蜂窝状，顶板存在渗漏滴水现象，并有白色钙质析出。闸孔混凝土施工时粗骨料（碎石）采用石灰石，长期的渗透作用使其中的 $Ca(OH)_2$ 被析出，受 CO_2 作用变成碳酸钙白色沉淀物，这种溶蚀性破坏使混凝土形成严重的麻面和蜂窝状，混凝土表面疏松漏筋，这又反过来进一步加剧了渗透溶蚀作用，对结构安全性是不利的。

经安全检测及复核，该涵闸结构及稳定尚能满足安全要求，为防止溶蚀对混凝土结构断面的破坏，仅需对混凝土表层溶蚀部位进行加固治理，具体措施是：①对涵洞顶板漏水处进行灌浆补漏；②对涵洞内壁表面的溶蚀疏松层及蜂窝麻面混凝土予以铲除，采用 1∶1 高标号水泥砂浆覆盖封堵。

案例二：东北某混凝土坝工程

东北某大坝为混凝土重力坝，最大坝高 91.7m，坝顶长 1080m，始建于 1937 年，1942 年开始蓄水，1953 年全部建成。运行初期坝体渗漏非常严重，1950 年库水位为 255m 时，坝渗漏量高达 16380L/min（尚不包括下游坝面约 6000L/min 的渗漏量），廊道内壁、坝体排水管孔口、廊道排水沟内可见大量白色或黄色析出物，人在廊道内通行都很困难，为了增强坝体防渗能力，改善混凝土低强状况，曾持续不断地对坝体进行灌浆，但是直至 1988 年，4 号坝段廊道顶部和底板几乎被白色析出物所覆盖，其景色有如石灰岩溶洞。1972 年，对该坝环境水质进行分析发现，库水对混凝土具有弱溶出性侵蚀。1979 年以后，连续对坝体溶蚀情况进行定量分析，根据库水与坝体渗出水中离子含量的变化和渗漏总量，大致计算出 Ca^{2+} 的溶蚀量。若按 1986 年的分析计算结果，则年溶蚀量大于坝体年平均防渗灌浆灌入的水泥量，即入不敷出。1991—1992 年钻孔检查发现，坝体内部混凝土很不均匀，分布有较多的软弱面及孔洞，一般强度在 15MPa 以上，但坝体上部取不出混凝土芯，实际强度低于 10MPa。这次检查距首次蓄水已近 50 年，其间又多次灌浆，但后期强度仍然偏低，说明坝体遭受到溶蚀的严重危害。自 1988 年开始，该坝又做了大规模灌浆防渗处理，至 1995 年，坝体渗漏量由 1986 年相近库水位时的 119L/min 降为 24.98L/min，Ca^{2+} 溶蚀量也由 1986 年的 3516kg/年减少为 419kg/年。

溶蚀治理措施：采用大坝坝体改性水泥灌浆与上游面防水钢筋混凝土罩面、沥青混凝土防水层相结合的防渗防水措施，封堵坝体裂隙通道，隔断软水与坝体的直接接触，降低混凝土坝体内的浸润线高度，减少混凝土坝体的溶蚀机会，基本解决了大坝主体的抗溶蚀问题。

案例三：某三级大坝工程

某三级大坝为钢筋混凝土面板支墩坝，最大坝高 43m，坝顶长 137.7m，由 27 个平板坝段和两岸重力坝段组成，挡水面板顶部厚度为 0.65m，底部厚度约 2m，按单向钢筋混凝土简支板设计。该坝于 1958 年开始兴建，1960 年首次蓄水。经检测，环境水质对混凝土具有中等溶出性侵蚀。1990 年坝龄为 31 年时，曾对挡水面板背水面做过外观检查和强度检测，发现多处有针孔状小孔洞，有 7 个平板坝段共计 18 处渗白浆，4 个平板坝段渗水严重。2000 年坝龄为 41 年时，再次对挡水面板背水面进行外观检查和强度检测，发现在 27 个平板坝段中，有 20 个平板坝段共计 36 处渗白浆，8 个平板坝段渗水严重，1 个平板坝段有明显水平向裂缝。与 10 年前相比，渗水析钙现象明显加重，并有裂缝产生，面板整体强度由 49.6MPa 降为 37.91MPa，下降 23.6%，其中，21～22 号坝段 3 个不同高程的 9 个强度检测点中，有的部位强度大幅度下降，仅为设计强度的 74%。另外，面板坝表面碳化现象也较严重。检查和检测结果表明，面板的强度和抗渗能力已不能满足要求。2001 年对大坝进行了全面防渗和加固处理。

溶蚀治理措施：采用防渗与加固相结合的综合措施对大坝的溶蚀和结构进行了综合治理。为增强面板的结构强度，结合表面防碳化处理，面板坝迎水面采取聚合物喷浆措施，背水面采取还阳砂浆涂刷措施，局部集中渗漏点采取聚氨酯灌浆措施，面板底部增设三角形混凝土加重块，支墩间增设混凝土抗震墙。通过防渗及加固综合治理，使原本接近报废的大坝重新具备挡水条件，为结构单薄的平板坝、大头坝和连拱坝除险加固提供了很好的借鉴。

案例四：某碾压混凝土大坝工程

某碾压混凝土大坝为整体式碾压混凝土重力坝，上游面采用混凝土预制块丙乳砂浆深勾缝防渗，最大坝高 63m，坝顶长 196.2m。1991 年开工兴建，1993 年 11 月首次蓄水时，即发生坝体大量渗漏，廊道内碾压层面处渗水呈喷射状。经坝体灌浆后，1996 年的渗漏量仍达 1068L/min。后又对坝体多次灌浆，至 1999 年渗漏量为 391.8L/min，下游坝面距坝顶约 8m 以下常年处于湿润状态。伴随着坝体大量渗漏，析钙现象越来越严重，1994 年廊道内壁全部被析出物所覆盖，局部清除后又在短时段内积满析出物。环境水质检测表明，水对混凝土具有弱至中等溶出性侵蚀。按水渗过坝体后水中 Ca^{2+} 含量的变化和坝体总渗漏量计算，1999 年坝体的溶蚀量达 998L/min。2001 年坝体混凝土取心和压水试验发现，碾压混凝土砂浆不足、离析、碾压不均，并有蜂窝状孔洞和骨料架空现象，坝体透水率大，左侧挡水坝段多数压水试验段透水率大于 10Lu，右侧挡水坝段透水率为 50～100Lu 的压水试验段占 11%。该坝蓄水运行不到 10 年即发生上述诸多严重问题，不仅与设计和施工中存在一些失误、预制块深勾缝防渗效果不佳、碾压混凝土质量较差有关，也与坝体遭受严重溶出性危害密切相关。

溶蚀治理措施：采用大坝坝体水泥灌浆与上游面防渗相结合的防水措施，修补封闭上游防渗预制板分缝，沿上游面封堵局部贯通性裂缝，隔断软水与坝体的直接接触，减少混凝土坝体内的溶蚀水含量，下游坝面已基本渐趋干燥，基本解决了大坝主体的抗溶蚀问题。但因大坝无放水排空设施，导致坝体基础部位防渗处理措施难以落实。

案例五：某混凝土重力坝工程

某混凝土重力坝工程 1991 年 9 月 30 日下闸蓄水，1992 年 10 月水库管理局开始对混凝土坝渗漏量进行观测。1993 年 11 月 23 日测得渗漏量最大值为 68.670m³/h，其中坝体渗漏量为 66.96m³/h，超设计允许值（2.010m³/h）32 倍。为此 1994 年 1 月 14 日—3 月 4 日对混凝土坝进行了堵漏补强灌浆处理，1995 年 1 月 9—27 日，又对混凝土坝进行了补充灌浆，灌浆处理后渗漏量大幅减小。但近几年来，渗流量有增大的趋势，2008 年 1 月 29 日实测坝体渗流量 7.445m³/h，超设计值（2.562m³/h）2.9 倍。目前，灌浆廊道常年处于湿润状态，伴随着坝体大量渗漏，析钙现象越来越严重，如图 5.4.1 所示。

（a）　　　　　　　　　　　　　　　（b）

（c）　　　　　　　　　　　　　　　（d）

图 5.4.1　洞内析钙情况

溶蚀治理措施：凿除上游面混凝土碳化层，用高压水清洗干净，在溢流坝上游面现浇 C30 钢筋混凝土面板，面板厚度从上至下为 300～400mm，为保证面板连接可靠，在坝体内植入直径 20mm 的锚固钢筋，植入深度不小于 0.8m，间距 1.0m。为增强混凝土抗裂防渗性能，减少裂缝，在混凝土中掺入无机纤维（掺量为 1.2kg/m^3）。另外，为减少混凝土面板的温度及收缩裂缝的产生，面板内布设直径 8mm 的钢筋网，钢筋间距 100mm，混凝土保护层厚度 50mm。伸缩缝位置与坝体分缝一致，内设一道铜片止水。

5.4.4 结语

（1）混凝土的溶出性侵蚀使混凝土失去胶凝性，强度和抗渗性能下降，是混凝土坝的一种不可忽视的本质性病害。应坚持对混凝土坝的渗漏析钙现象做定期检查，通过对环境水质、坝体钙离子溶蚀量、混凝土（砂浆）强度和抗渗能力等项目的检测，及时了解混凝土溶蚀病害程度，采取必要的措施加以治理。

（2）通过优化混凝土集料、卷材涂层防水防溶蚀隔离保护、水泥灌浆、化学灌浆、结合碳化及裂缝综合治理等防渗防水措施，隔断混凝土与软水的直接接触，可以减少或避免软水对混凝土块体的浸润，是混凝土防溶蚀治理的关键。应根据不同工程混凝土的溶蚀环境、溶蚀破坏程度和防溶蚀治理措施的适宜性，采取一种或多种防溶蚀措施综合治理，全面彻底地解决混凝土抗溶蚀问题。

（3）一些坝体溶蚀病害工程的治理实践表明，从混凝土结构上游迎水面做好防渗和防水处理是解决溶蚀破坏的有效办法，随着化工新材料的研发和运用，高分子聚合物防水防渗材料在混凝土抗溶蚀措施中将会得到广泛运用，应加强混凝土溶蚀方面的基础性研究，不断充实混凝土抗溶蚀治理措施，通过优化混凝土抗溶蚀措施和工艺，形成一整套安全可靠，卓有成效的混凝土抗溶蚀解决方案。

6

水工混凝土病害处理质量的评价

　　水工混凝土病害的修复，首先要对病害进行诊断，分析病害对水工混凝土结构的承载力与耐久性的影响，根据影响的不同程度，采取合适的复核计算及处理措施，选用有效的修补材料及先进的修补技术，制定可行的施工方案。同时，修复工作还要由经过专门培训、具有资质的专业化施工队伍来完成。遵循科学的施工程序，严格保证施工质量。

6.1　病害处理质量评价的原则和方法

　　病害处理质量的评价原则是根据设计要求的技术指标，达到消除病害，满足混凝土结构及耐久性的要求。

　　1. 工程设计

　　（1）水工混凝土病害处理的设计要从按强度设计的模式中解脱出来，更多地考虑建筑物长期使用过程中由于环境作用引起结构材料性能劣化、腐蚀对结构安全性与适用性的影响，尽可能延长工程寿命，避免资源浪费。

　　（2）水工混凝土病害处理的设计要严格按照国家现行有关标准执行，严格考虑建筑物正常使用过程中构件的预定检测和维护，并在结构设计时为此项工作提供可能性和工作面。

　　（3）水工混凝土遭受病害是不可避免的，只是程度轻重可以控制。所以，水工混凝土构件在考虑了环境的侵蚀性和材料性能的老化过程后，要仍然可以保证结构应有的安全性和稳定性。

　　（4）同一建筑物中的不同构件所处的工作环境可能存在差异，其遭受病害的可能性和程度也会不同，因此其耐久性就不同，所以对于局部可能遭受病害严重同时可以更换的构件可以设计成拆装和可更换型的，从而延长建筑物使用寿命。

　　（5）水工建筑物修补需要结合工程结构受力特点综合分析确定修补方案。

　　2. 工程原材料

　　（1）合理选择水泥品种和标号，尽可能选用水化热小的水泥，适量掺加粉煤灰或矿渣等掺和料。

（2）严格对混凝土拌和用水进行检验，避免氯离子含量超标。

（3）尽可能采用较小的水灰比，减少混凝土的孔隙率。

（4）采用杂质少、粒径适中、级配好、坚固性好的砂石骨料。

（5）合理使用和掺加减水剂和引气剂等外加剂。

（6）水工混凝土病害加固修复采用的修补材料除满足建筑物运行的各项要求外，其本身的强度、耐久性、与老混凝土的黏结强度等，均不得低于老混凝土的标准，而且应环保、适用、经济、方便施工。

（7）当修补区位于有观瞻要求的部位，修补材料应有与老混凝土相一致的外观。

3．施工工艺

（1）水工混凝土病害处理的施工要符合工程设计和国家现行的施工规范、质量评定与验收规范的要求。

（2）严格执行工程施工监理和竣工验收制度，并进行耐久性专项质量检验。

（3）改进施工机械，改善施工操作方法，确保修补材料均匀密实。

（4）应用适当工具对施工表面进行彻底清理，清除所有灰尘、浮浆、松动破损的混凝土、油污、污染物等，以获得清洁坚固的维修基层。

（5）加强修补材料养护，从养护方法、时间和材料等方面采取措施。

（6）对渗水、漏水的部位，应采用速凝材料堵漏和将外漏部位埋管集中引出再快速封堵。漏水堵住后，即进行修补。

（7）裂缝宽度的变化受气温变化的影响，在最低气温时，裂缝宽度最大，最高气温时，裂缝宽度最小。因此，裂缝处理应结合处理材料的性能，选择合适的处理时机。

6.2　水工混凝土病害处理质量的检测

病害处理质量具体的检测方法应根据施工内容选用。

灌浆处理效果通常采用肉眼检查、压水试验、取芯检测及超声波测试等方法。

喷涂防护涂料的涂层处理要求与基底黏结牢固，无脱空现象，涂层表面平整，无明显凹凸不平现象，表面无裂缝。为验证涂层与混凝土的黏结强度，在施工现场对涂层进行抗拉强度的检测。

粘贴钢板时，同时安装螺母，用扳手拧紧螺母进行锚固加压。在紧固螺母时，应及时检查钢板是否和混凝土贴紧，如发现缝隙应及时调整。钢板粘贴成型后，用木槌轻敲钢板检查是否存在空洞，若有则及时填充胶结剂。若锚固区黏结面积小于90%，或非锚固区黏结面积小于70%，则须将钢板拆下，处理后重贴。

碳纤维片的粘贴基面必须干燥清洁，光滑平顺。碳纤维片粘贴密实，目测检查不许有剥落、松弛、翘起、褶皱等缺陷以及超过允许范围的空鼓。固化后的贴片与层之间的黏着状态和树脂的固化状况良好。

7

结　　论

7.1　水工混凝土主要病害机理

本书根据国内外上百个大坝、水闸等水工混凝土建筑物的调研成果，提炼出常见的水工混凝土裂缝、碳化、冻融和溶蚀等病害，详细分析了各种病害的类型、特点及其产生的成因和机理。水工混凝土是水利工程建设中普遍采用的重要材料，然而水工混凝土运行的环境相当恶劣，由于多种原因会引起水工混凝土结构的老化病变，其原因可归纳为物理作用和化学作用两大类。物理作用主要包括水的渗透、荷载、冻融循环、干缩、徐变、磨损等，化学作用主要包括酸碱盐侵蚀、水的溶蚀、碱骨料反应、碳化及电化学作用引起的钢筋腐蚀、有害气体的侵蚀等。对重大水工混凝土结构而言主要存在裂缝、碳化、冻融、溶蚀等破坏，也有少数是由碱集料反应引发的。

1. 裂缝

裂缝的类型很多，性状千差万别，包括微观裂缝、细观裂缝和宏观裂缝。按照不同的分类方法裂缝可分为不同的类型。裂缝是水工混凝土结构普遍存在的缺陷，其产生机理复杂，一般归纳为以下几类。

（1）不利荷载作用下产生的裂缝：水工混凝土结构的主要荷载包括水压和温度等，不利荷载及其组合的作用是裂缝产生和发展的主要原因。

（2）温度裂缝：温度裂缝的产生主要有因温控措施不当引起的裂缝，基岩的约束裂缝，新老混凝土之间的约束裂缝，基岩高差引起的裂缝，以及寒潮突袭引起的混凝土裂缝等。

（3）收缩裂缝：混凝土收缩有湿度收缩（混凝土中多余水分蒸发，体积减少而产生收缩）和混凝土的自收缩（水泥水化作用，使形成的水泥骨架不断紧密，造成体积减小）。其主要包括塑性收缩裂缝、沉降收缩裂缝、干燥收缩裂缝、碳化收缩裂缝和碱骨料反应裂缝等。

对于一个重大水工混凝土结构，其裂缝的产生往往是受多种因素影响的综合结果，产生的原因非常复杂，并不是能够用单纯的某类裂缝就能够完全概括的。

2. 碳化

混凝土碳化是混凝土所受到的一种化学腐蚀。空气中二氧化碳气体不断地沿着不饱和水的混凝土通道毛细孔渗透到混凝土中，与混凝土孔隙液中的氢氧化钙进行中和反应，生成碳酸钙和水。由于混凝土碳化过程中，孔隙液的碱度逐渐下降，pH 值降到 10 以下，直至 8.5 左右，当碳化超过混凝土的保护层时，在水与空气存在的条件下，会使混凝土失去对钢筋的保护作用，钢筋开始生锈。混凝土碳化作用一般不会直接引起其性能的劣化，对于素混凝土，碳化还有提高混凝土耐久性的效果，但对于钢筋混凝土来讲，碳化会使混凝土对钢筋的保护作用减弱。

影响混凝土碳化速度的因素主要有：水泥品种（水泥中所含硅酸钙和铝酸钙盐基性高低）；周围介质中二氧化碳的浓度高低及湿度大小；环境水中是否存在影响氢氧化钙溶解度的物质。另外，混凝土的渗透系数、透水量、混凝土的过度振捣、混凝土附近水的更新速度、水流速度、结构尺寸、水压力及养护方法与混凝土的碳化都有密切的关系。

3. 冻融

水工混凝土冻融破坏是我国东北、西北和华北地区水工混凝土建筑在运行过程中产生的主要病害之一，对于水闸、渡槽等中小型水工混凝土建筑物，冻融破坏的地区范围更为广泛。

冻融破坏是从混凝土表面开始的层层剥蚀破坏，气温越低，冻层越深，混凝土的剥蚀层越厚；温降速度越快，年冻融循环次数越多，剥蚀破坏越严重，发展也越快。如在北方寒冷地区，水工建筑物向阳面受日光照射，冬季冻融次数多，冻融破坏程度也较阴面严重。

水工混凝土遭冻融破坏的原因主要有：①渗漏水使不具备饱水条件的混凝土吸水饱和；②混凝土的设计抗冻等级偏低；③施工质量差使实际浇筑混凝土的抗冻性降低（使用了劣质水泥或掺加了不适当的混合材、砂石骨料含过量泥土杂质、粗骨料为风化多孔性岩石、现场水灰比控制不严、水灰比偏大、混凝土浇筑振捣不密实、引气效果差、混凝土含气量不足或气泡质量不佳、施工养护不力，使表面混凝土质量下降或早期受冻等）。

4. 溶蚀

水工混凝土长期与水接触，其中的 CaO 在压力渗水的作用下溶解析出生成 $Ca(OH)_2$ 而被带走，在渗水出口处与 CO_2 气体反应生成 $CaCO_3$ 白色结晶体，标志着混凝土已发生病变。混凝土中的 CaO 不断被渗水溶解带走后，孔隙率增加，渗透性增大，溶出性破坏逐步加重，混凝土因失掉胶凝性，强度和抗渗能力逐渐下降。

混凝土遭受溶蚀破坏的程度，既取决于混凝土本身的结构状况，又与环境水质有着密切关系。混凝土越密实、渗透性越小，抗溶蚀能力就越强；若组成混凝土的水泥具有抗侵蚀性，其抗溶蚀能力就比较强；如果环境水质具有较强的侵蚀性，则混凝土易遭受溶蚀破坏。

7.2 水工混凝土病害评价方法

不同的混凝土病害,具有的危害程度不同,因此有必要根据病害的危害特性对病害的危害程度做出等级评价。一般目前对病害危害性的评估与等级划分尚无统一的判定标准和标度值。各工程可根据本身的特殊性、重要性及地理地质条件的不同,对病害制定相应的检查项目和分类判定标准,本研究将危害性等级划分为四类(Ⅰ级、Ⅱ级、Ⅲ级、Ⅳ级),分别对应的危害性的影响程度为轻度、一般、重度、危害性。

利用可拓理论,提出了水工混凝土病害危害程度及等级评价方法,编制了水工混凝土病害危害程度及等级评价程序。应用可拓方法评价病害危害性,把病害危害转换成更容易定量描述的"替代物"来进行定量评价。可拓评价方法利用关联函数可以取负值的特点,使评价方法较全面地分析属于集合的程度,因而为病害的危害评价提供了一种方法。运用可拓学的物元方法,建立病害危害多指标参数综合评价的物元模型。对于病害危害性类别的评价,利用可拓集合中的关联函数来求得待评病害物元的关联度,通过关联函数可以定量地描述论域中的元素具有某性质的程度及其变化,通过关联函数和可拓距离将定性数据和定量数据结合、转化,从而解决实际中存在的问题。

7.3 水工混凝土病害加固修复技术

针对水工混凝土普遍存在的裂缝、碳化、冻融、溶蚀四种病害,按照各种病害各自的危害程度、影响因素和病害部位,提出了病害的加固修复方法。加固修复方法包括原材料的控制、施工过程的控制和加固的工程措施等,并采用已实施的工程实例加以详细说明。

7.3.1 裂缝加固修复技术

(1)表面处理法。对于微细裂缝(一般宽度小于0.2mm),一般采用表面封闭处理,以恢复结构抗渗性、提高耐久性和表面美观为目的,主要包括表面涂抹法和表面黏贴法。

(2)开槽填补法。填补法适用于修补对水工结构整体有影响、水平面上较宽的裂缝或活缝,也可以用于修补因钢筋锈蚀引起的顺筋裂缝。

(3)灌浆法。灌浆法是混凝土裂缝内部补强效果最好、应用范围最广的一种方法,主要用于深层及贯穿裂缝的修补。裂缝灌浆有水泥灌浆和化学灌浆两种,修补时应按裂缝的性质、开度及其施工条件等情况选定。

(4)结构补强法。如裂缝造成水工建筑物的承载力下降,结构安全不满足要求,则需对结构进行补强加固。补强加固常用的技术有黏贴钢板法、黏贴碳纤维法及预应力法等。

水工混凝土建筑物裂缝的修补方法很多,除上述的几种常用方法外,还有混凝土置换法、电化学防护法、仿生自愈合法等修补方法。在工程实践中,要根据工程具体情况选用合适的混凝土裂缝修补方法。

7.3.2　水工混凝土碳化加固修复技术

防碳化处理的目的是阻止或尽可能减少外界有害气体进入混凝土内部，使内部混凝土和钢筋一直处于碱性环境中。根据混凝土碳化形成的机理、影响因素、工程部位及碳化程度的不同采取相应的处理措施。

1. 合理选择水泥品种、强度等级

根据建筑物所处的地理位置、周围环境及地下水水质情况，选择合适的水泥品种。对于水位变化区以及干湿交替作用的部位或较严寒地区选用抗硫酸盐普通水泥；受水流冲刷部位宜选高强度水泥。一般情况下高强度水泥比低强度抗碳化性能好，同级别早强型水泥比普通型水泥的抗碳化性能要好。

2. 选择合适的骨料

分析骨料的性质，采用合适的骨料。如抗酸性骨料与水、水泥的作用对混凝土的碳化有一定的延缓作用。

3. 控制混凝土的水灰比

选择合适的配合比，尽可能采用较小的水灰比。水灰比是影响混凝土碳化的关键因素，混凝土吸收二氧化碳的量主要取决于水泥用量，当水灰比大于 0.65 时，其抗碳化能力急剧下降，当水灰比小于 0.55 时，混凝土抗碳化能力一般可得到保证。

4. 使用合适的外加剂

选用能够提高混凝土抗碳化能力的外加剂，如羟基羧酸盐复合性高性能减水剂等。在混凝土中掺入优质粉煤灰，可提高混凝土抗碳化能力，只要选择的配合比适中，混凝土抗碳化能力一般可得到加强；在混凝土中采用适量硅粉、粉煤灰共掺技术，也可以大大增强混凝土密实性，提高混凝土抗碳化能力。

5. 施工措施

施工选择模板应尽可能选择钢材、胶合板、塑料等材料制成的模板。若选择木模板应控制板缝宽度及表面光滑度。模板固定时要牢固，拆模应在混凝土达到一定强度后方可进行。施工中混凝土应用机械震捣，以保护混凝土密实性，混凝土浇筑完毕后，应用草帘等加以覆盖，并根据情况及时浇水养护混凝土。

6. 涂料防护法

若建筑物地处环境恶劣的地区，宜采取环氧基液涂层保护效果较好，对建筑物地下部分也可在其周围设置保护层，用各种溶注液浸注混凝土，在混凝土表面涂刷环氧涂料、丙稀酸涂料、丙乳水泥、溶化的沥青等。

7. 碳化混凝土处理措施

对已建建筑物发生了混凝土碳化，主要根据碳化程度的不同采取措施。对碳化深度过大，钢筋锈蚀明显，危及结构安全的构件应拆除重建；对于碳化深度较小并小于钢筋保护层厚度，碳化层比较坚硬的，可采用涂料封闭；若碳化深度较大或碳化层较松散的，可凿除混凝土碳化层，洗净进入的有害物质，将混凝土衔接面凿毛，用环氧砂浆或细石混凝土填补，最后以环氧基液做涂基保护；对钢筋锈蚀严重的，应在修补前除锈，并根据锈蚀情况和结构需要加布钢筋。

7.3.3 水工混凝土冻融加固修复技术

由于混凝土抗冻性主要取决于其孔隙率、孔结构及孔的水饱和程度。因此，提高混凝土抗冻性也主要从降低混凝土孔隙率、改善混凝土孔结构着手，配制高密实度的高性能混凝土。根据混凝土冻融形成的机理、影响因素及工程部位的不同，采用合适的混凝土冻融防治措施。

1. 合理选择水泥品种、强度等级

水泥类材料的强度和工程性能，是通过水泥砂浆的凝结、硬化形成的，水泥石一旦受损，混凝土的抗冻性就会受到影响。因此，水泥的选择需注意水泥品种的具体性能，选择水化热低，干缩性小，抗冻性好的水泥，并结合具体情况选择水泥强度等级。

2. 控制混凝土的水灰比

水灰比决定混凝土组织致密性，也即是决定孔结构特性的基本因素，水分的冻结与混凝土细孔径具有相关性。水灰比越低（一般不超过 0.55），在好的养护条件下，混凝土越致密，抗冻性也越好。

3. 使用优质的矿物掺和料

掺入适量的优质掺和料，如硅灰、粉煤灰等，可以改善孔结构，可冻孔数量减少，冰点降低。此外，掺入适量的优质掺和料，有利于气泡分散，使其更加均匀地分布在混凝土中，因而有利于提高混凝土的抗冻性。

4. 使用性能良好的外加剂

使用高效减水剂，以大幅度降低水灰（胶）比，提高混凝土的强度和致密性。使用高效引气剂使混凝土中产生孔径小、间隔均匀的封闭气孔，提高混凝土的抗冻融性，并对有害应力具有缓冲性等。掺入水泥重量的 0.5%～1.5% 的高效减水剂可以减少用水量 15%～25%，使混凝土强度提高 20%～50%，从而也提高了混凝土抗冻性。

5. 加强早期养护或掺入防冻剂防止混凝土早期受冻

混凝土早期受冻是混凝土受冻害的一个主要问题，早期冻害直接影响混凝土的正常硬化及强度增长。因而冬季施工时必须对混凝土加强早期养护或适当加入早强剂或防冻剂严防混凝土早期受冻。另外，采用蒸汽养护的热养护方法来提高混凝土早期强度防止早期受冻。此外，保证混凝土必要的含气量，严格控制混凝土的施工质量及良好的养护条件，也是提高混凝土抗冻性的重要措施。

6. 冻融混凝土处理措施

对遭受冻融破坏的混凝土建筑物，目前均按照"凿旧补新"法进行修补，即将已遭冻融破坏的混凝土全部凿除，回填具有高抗冻性能的优质修补材料。

7.3.4 水工混凝土溶蚀加固修复技术

混凝土溶蚀的危害性与其所处部位的结构重要性有关，溶蚀不仅会显著降低溶蚀区混凝土的强度，而且容易对混凝土内的钢筋产生锈蚀。由于溶蚀的长期性和隐蔽性，会严重危害混凝土的整体刚度，特别是贯通性溶蚀，会造成坝体集水廊道渗漏严重，影响工程的正常运用。为了防止溶蚀对混凝土结构的危害，根据溶蚀发生的部位和形态采取相应的加固处理措施。

1. 局部混凝土修补

局部混凝土修补适宜修补浅表性溶蚀。通过凿除浅表性溶洞溶穴，采用高性能混凝土修补加固。

2. 防溶蚀涂层隔离

防溶蚀涂层隔离适宜处理大面积的易溶蚀混凝土，可以整体提高混凝土的抗溶蚀性能。在大块体混凝土表面外包防渗膜或防渗涂层，减少混凝土块体内含水量和 CO_2 的溶入量，降低混凝土块体内水的腐蚀性，从而显著降低混凝土的溶蚀程度。防渗膜可采用 PVC、PP、PE 等各类土工膜或复合土工膜，防渗涂层可采用水泥基渗透结晶型涂料 PQ-200、环氧树脂涂层等。

3. 水泥灌浆或回填灌浆

水泥灌浆或回填灌浆主要适宜处理深层贯通性溶蚀通道。水泥灌浆主要适宜处理贯通性溶蚀孔道，通过压注耐溶蚀的高性能水泥浆封堵溶蚀通道，减少或避免溶蚀进一步扩展；回填灌浆适宜处理孔洞较大的溶蚀通道，通过充填高性能混凝土或水泥浆，堵塞溶蚀通道，减少弱酸性水的渗入量，从而达到减小溶蚀的目的。

4. 化学灌浆

化学灌浆是通过灌浆管将适宜的化学浆液注入溶蚀通道以封堵溶蚀孔洞，从而减少或避免溶蚀进一步扩展。化学浆材主要包括：Scarele CW 高渗透改性环氧系列液态双组份浆材、水玻璃堵漏等。

5. 改良混凝土集料

改良混凝土集料适宜对防渗及抗溶蚀要求较高的混凝土工程。通过严格筛选低碱性混凝土集料，选用耐溶蚀的高性能水泥，掺加粉煤灰及矿渣等材料，减少水泥用量，相应减少 CaO 的总体含量，从而提高混凝土的整体抗溶蚀性能。

7.4 水工混凝土病害处理质量评价

水工混凝土病害的修复，首先要对病害进行诊断，分析病害对水工混凝土结构的承载力与耐久性的影响，根据影响的不同程度，采取合适的复核计算及处理措施，选用有效的修补材料及先进的修补技术，制定可行的施工方案。同时，修复工作还要由经过专门培训、具有资质的专业化施工队伍来完成，遵循科学的施工程序，严格保证施工质量。

病害处理质量的评价原则是根据设计要求的技术指标，达到消除病害，满足混凝土结构及耐久性的要求。应从工程设计、修补材料及施工工艺等方面进行评价，需要时应现场抽样检测。

7.5 推广及应用

通过收集近年来国内外各类型水工建筑物病害处理的资料，分析水工混凝土病害产生的原因、机理；进行水工混凝土病害分类研究，根据病害对水工混凝土的影响程度和重要性，提出主要水工混凝土病害评价的标准，为编制水工混凝土结构安全评价技术导则提供依据。

根据水工混凝土病害类型和重要性，提出病害处理意见、处理方法、处理工艺和处理标准，其中包括裂缝、碳化、冻融及溶蚀的破坏成因分析、加固和修补设计（判断）、修补方法、修补材料及工艺；提出水工混凝土病害处理质量的评价原则、方法和效果。其中关于处理后水工混凝土耐久性及结构强度的研究可以为 SL 191—2008《水工混凝土结构设计规范》和 SL 265—2016《水闸设计规范》的修编提供依据。

本书中介绍的病害处理材料及技术在许多水利水电工程中得到应用，通过大量工程实践，取得了较显著效果，可供类似工程借鉴。许多新材料及新技术的应用，可以大大提高混凝土的使用年限，具有广阔的应用前景。

参 考 文 献

［1］ 蔡迟亮，张伟民．龙沥闸病害原因分析和加固方案［J］.中国农村水利水电，2003（10）：
39－41.

［2］ 王国秉，丁宝瑛，王历，等．防止水工混凝土裂缝的措施和修补方法［J］.山西水利科技，2001
（1）：26－33.

［3］ 李伟，冯春花，李东旭．水工混凝土结构裂纹修补加固材料的研究进展［J］.材料导报，2012，
26（7）：136－140.

［4］ 宁浩，等．水工混凝土裂缝成因与修补［J］.现代农业科技，2010.

［5］ 王海军，李彦龙，张宏鹏．北部引嫩工程混凝土建筑物冻融剥蚀处理［J］.黑龙江水利科技，
2006（5）：41－42.

［6］ 黄国兴，等．水工混凝土建筑物修补技术及应用［M］.北京：中国水利水电出版社，1999.

［7］ 华建生．水泥混凝土碳化及处理措施［J］.安徽水利水电职业技术学院学报，2007（2）：53－55.

［8］ 庄宇．混凝土冻融破坏机理及防治措施［J］.中国西部科技（学术），2007（14）：18－19.

［9］ 张静西，尹飞，徐志浩．浅议连云港市临洪东泵站混凝土碳化机理及处理措施［J］.中国水运
（下半月），2012，12（4）：236－238.

［10］ 瞿义勇，等，主编，防水工程施工质量与验收实用手册［M］.北京：中国建材工业出版
社，2004.

［11］ 邢林生，聂广明．混凝土坝坝体溶蚀病害及治理［J］.水力发电，2003（11）：60－63.